Von den Seminarräumen der BWL-Fakultäten bis in die Chefetagen – vieles läuft schief in unserer Wirtschaft. »Die kaputte Elite« berichtet von selbstgefälligen Business Schools und verantwortungslosen Technokraten, von angepassten Führungskräften und ängstlicher Bullshit-Rhetorik. Benedikt Herles beschreibt präzise und liefert ein leidenschaftliches Plädoyer für mehr Menschlichkeit, Kreativität und Mut in unseren Unternehmen.

Benedikt Herles, Jahrgang 1984, studierte Volks- und Betriebswirtschaftslehre und promovierte über die Entstehung ökonomischer Werte. Als Unternehmensberater arbeitete er für unterschiedliche Industriezweige. Er lebt in München und Hamburg.

Benedikt Herles

Die kaputte
ELITE

Ein Schadensbericht
aus unseren Chefetagen

btb

Verlagsgruppe Random House FSC® N001967
Das für dieses Buch verwendete FSC®-zertifizierte
Papier *Lux Cream* liefert Stora Enso, Finnland.

1. Auflage
Genehmigte Taschenbuchausgabe Januar 2015,
btb Verlag in der Verlagsgruppe Random House GmbH, München
Copyright © der Originalausgabe 2013 beim Albrecht Knaus
Verlag, München, in der Verlagsgruppe Random House GmbH
Umschlaggestaltung: semper smile, München
Umschlagmotiv: © plainpicture / Millennium
Druck und Einband: CPI – Clausen & Bosse, Leck
LW · Herstellung: sc
Printed in Germany
ISBN 978-3-442-74886-0

www.btb-verlag.de
www.facebook.com/btbverlag
Besuchen Sie auch unseren LiteraturBlog www.transatlantik.de

Für meine Familie

»If you want something new,
you have to stop doing something old.«

Peter Drucker (1909–2005), Ökonom

Inhalt

People Business

Vision

Battle Call

Vorwort

Ich bin kein Aussteiger. Ich bin kein »Linker«. Ich bin fest davon überzeugt: Eine freie und soziale Marktwirtschaft ist die Voraussetzung für Wohlstand und Freiheit. Genau deshalb schrieb ich *Die kaputte Elite.*

Als Student und junger Berater habe ich erlebt, wie gefährliche Mentalitäten und Methoden das richtige System korrumpieren. Sie sind dabei, Unternehmen und der Gesellschaft als Ganzes zu schaden. Sie vernichten Kapital. Sie sorgen dafür, dass Menschen unglücklich sind und eine freiheitliche Wirtschaftsordnung an Zustimmung verliert.

Auf eine langjährige Management-Laufbahn kann ich nicht zurückblicken. Doch wer zu lange in der Tretmühle ackert, dem fällt vieles vermutlich gar nicht mehr auf. Es bedarf eines ungetrübten Blicks, um zu sehen und zu beschreiben, was andere nicht wahrhaben wollen.

Dieses Buch ist gewollt subjektiv. Ich kann die Welt nicht erklären, aber ich kann versuchen, Denkanstöße zu geben. Denn ich bin fest davon überzeugt: Eine andere Wirtschaft ist möglich.

Benedikt Herles

Situation

Action required

Die Wirtschaftselite steckt in der Krise

Action required [ˈækʃən rɪˈkwaɪəd] = Beraterdeutsch für »Bitte handeln (nicht nur lesen)!«. Verwendet als Anfang einer Betreff-Zeile. Dient dazu, wichtige von unwichtigen Informationen zu trennen (und damit der größeren Arbeitseffizienz im E-Mail-Verkehr).

Montag, 6 Uhr 28, im ICE von München nach Stuttgart: Junge, müde Gesellen in blauen Ledersitzen klappen ihre Laptops auf und senken ihre frisierten Häupter den Bildschirmen entgegen. Sie sind die Sieger der Sieger, die »High Potentials«, die aussichtsreichsten Nachwuchsmanager weltumspannender Konzerne und elitärer Unternehmensberatungen. Sie gaben alles für die besten Noten an den besten Unis, absolvierten begehrte Praktika und gründeten außeruniversitäre Initiativen. Nun sind sie dort, wo sie immer hinwollten. Ihre Tickets ins Top-Management haben sie gelöst.

Eine neue Woche hat begonnen. Die größten Talente der Wirtschaft schwärmen aus, um die Unternehmen der Republik zu optimieren. Sie arbeiten an Projekten mit so blendenden Namen wie »Organizational Streamlining«, »Full Potential Benchmarking« oder »Working Capital Optimization«. Sie konstruieren komplizierte Excel-Modelle, entwickeln scheinbar revolutionäre Führungs-Techniken und entwerfen die schönsten PowerPoint-Folien. Ich bin einer von ihnen. Mit 28 Jahren bin ich promovierter Kapitalist, habe Business Schools und Firmenzentralen von innen gesehen. Ich schätze gute Anzüge und Business-Class-Flüge, glaube an das Streben nach Glück und halte individuellen Ehrgeiz für die wichtigste Triebkraft des Fortschritts.

Immer höhere Produktivität ist das Ziel, hat man mir beigebracht. Auf den Märkten weht ein rauer Wind. Deutsche Firmen müssen Antworten auf die Herausforderungen einer immer größer werdenden Konkurrenz finden. Chancen und Risiken haben sich potenziert. Das 21. Jahrhundert spricht die Sprache von Dollar und Cent. 116 Jahre nach Eröffnung der ersten Handelshochschule in Deutschland und 88 Jahre nach der Gründung von McKinsey & Company läuft die globale Gewinnmaximierung auf Hochtouren.

Ich arbeite in einem der angesehensten Strategieberatungsunternehmen. Auf unserer Kundenliste finden sich die größten Arbeitgeber weltweit. Zu unseren Ehemaligen zählen Konzernlenker und Politiker. Mit Begeisterung hatte ich mich in die Projekte gestürzt. Doch die Realität präsentierte sich anders als erwartet. Denn vieles liegt im Argen in der Welt der Vielflieger und nächtlichen Telefonkonferenzen.

Heute ist mein letzter Montagmorgen im ICE. Ich habe gekündigt. Denn Zweifel plagen mich.

Fehler im System

Die Marktwirtschaft erlebt eine ihrer dunkelsten Stunden. Das neue Jahrtausend startete mit einer Dekade der Gier. Der so viel beschworene ehrbare Kaufmann scheint sich schon vor langer Zeit ins Exil verkrümelt zu haben. Nicht nur das Einkommen, auch das Glück der Menschen stagniert. Und niemand will es gewesen sein.

Schuld an dem Dilemma tragen nicht nur entfesselte Märkte und die Raffsucht der Investmentbanker. Nicht nur gefährliche Finanzinstrumente und anonyme Spekulationen sind der Ausgangspunkt für die große Glaubwürdigkeits- und Stabilitätskrise der freien Ökonomie. Die Geschehnisse an den Kapitalmärkten sind nur das Symptom, nicht der Ursprung allen Übels. Die Wahrheit ist: Unsere wirtschaftlichen Eliten haben den falschen Weg eingeschlagen. In der Finanz- ebenso wie in der Realwirtschaft. Die Probleme reichen von den Seminarräumen der BWL-Fakultäten bis in die obersten Chefetagen. Alle reden von der großen Finanz- und Wirtschaftskrise, doch in Wahrheit erleben wir eine noch viel größere Krise des Managements.[1]

Schon im Studium wurden meine Kommilitonen und ich auf jenen übertriebenen Marktglauben eingeschworen, der letztlich der Ausgangspunkt unseres gegenwärtigen Schlamassels ist. Die betriebswirtschaftliche Ausbildung gleicht einer Gehirnwäsche. Sie bestärkt den Business-Nachwuchs in seiner Gier. »Eigennutz ist rational«, lautete das Credo meiner Lehrpläne. Psychologie, Soziologie und Philosophie hatten darin keinen Platz. Vorlesungen propagierten kurzfristige Profit-Maximierung durch Finanzmathematik, Anlage- und Unternehmensstrategien, lehrten aber wenig über gesellschaftliche Verantwortung. Der Homo oeconomicus hat die Unis erobert. Die Wirtschaftswissenschaft hat sich verirrt. Sie ist zum Fach der angewandten Mathematik geworden. Ökonomen streben nach naturwissenschaftlicher Exaktheit, feiern ihre anspruchsvollen Modelle und verfehlen die Realität. Die Methodik bestimmt den Inhalt. Akademische Journale lesen sich wie Formelsammlungen. Politische und soziale Antworten sind hingegen aus den Elfenbeintürmen der Kaderschmieden kaum noch zu erwarten.

Angekommen auf der Karriere-Überholspur, galt der Spruch »Head down and deliver« – »Schnauze halten und abliefern, was verlangt wird«. Der Nachwuchs wird gefügig gemacht. Ich erlebte, wie jede Kreativität aus jungen Universitätsabsolventen herausgepresst wird. »Out of the Box Thinking«, das Verlassen gewohnter Denkmuster, wird zwar offiziell großgeschrieben, doch tatsächlich weder gelehrt noch gelebt.

Dieses System bringt Manager hervor, die so wenig Unternehmer sind wie Dieter Bohlen ein Diplomat. Statt von Mut und Ideen beflügelt, sind viele deutsche Führungskräfte vor allem durch eines getrieben: Angst. Ihre Entscheidungen zielen darauf ab, Fehler zu vermeiden, statt Neues zu wagen. Ihre wichtigste strategische Maxime lautet: »Cover your ass!« Dem langen Erfolgsmarsch Chinas begegnen sie mit Risiko-Aversion und persönlicher Absicherung. CEOs betrachten sich selbst gerne als »Change Agents«, als Treiber der Veränderung, doch in Wahrheit sind sie meist das Gegenteil, nämlich Advokaten des betriebswirtschaftlich optimierten Status quo. Sie sind ökonomische Fossilien einer Zeit vor der Krise.

Innovativ sind die Technokraten-Manager nur bei der Gestaltung ihrer PowerPoint-Folien. Kritische Urteile vertrauen sie Unternehmensberatern an, um selber keine Verantwortung tragen zu müssen. Deren Lösungsansätze und Denkmuster wiederum bewegen sich in den engen Grenzen einer inspirationslosen betriebswirtschaftlichen Logik. Ihr teures Produkt ist nicht etwa brillanter Rat, sondern schlicht das gute Gewissen ihrer Kunden. Schwierige und schmerzhafte Entscheidungen tragen besser den Stempel von McKinsey, Roland Berger und Kollegen. So lassen sie sich leichter verteidigen. Die scheinbar wissenschaftlichen Methoden der Consultants gaukeln die Beherrschbarkeit einer komplizierten Welt vor.

Nichts scheint sich seit Beginn der Krise in den Köpfen der Bosse verändert zu haben. Kreativität, Reflexion und Weitblick gehören auch weiter nicht zum »Skillset« der grauen Management-Karrieristen. Kein Wunder, denn es sind Fähigkeiten, die nicht gefragt sind auf dem Weg an die Spitze. Austauschbare Lebensläufe und ausgefahrene Karriere-Pfade zeichnen die Vorstände unseres Landes aus. Nach oben kommen immer die gleichen Charaktere. Alle Macht den persönlichen Netzwerken! Die Ehemaligen von McKinsey, Goldman Sachs, Harvard Business School und anderen großen Adressen kontrollieren Staaten, Konzerne, Finanzimperien und internationale Organisationen. Ihre Denkmuster und Werte prägen unsere Ökonomie und Gesellschaft.

Die Kritik am ungezähmten Kapitalismus wächst derweil auf breiter Front. Selbst Konservative und bürgerliche Intellektuelle schlagen Alarm. »Ich beginne zu glauben, dass die Linke recht hat«, gibt Frank Schirrmacher, der verstorbene Mitherausgeber der *Frankfurter Allgemeinen Zeitung,* zu. »Im bürgerlichen Lager werden die Zweifel immer größer, ob man richtig gelegen hat, ein ganzes Leben lang.«[2] Doch der Aufschrei der Wut-Bürger und Feuilletonisten wird nicht viel ausrichten. Denn was bringt eine ausführliche Diskussion über Gier und Moral, solange sich in den Banken, Unternehmensberatungen und Großbetrieben niemand darum schert?

Die deutsche Wirtschaft ist im internationalen Vergleich sehr gut durch die Schuldenkrise gekommen. Aber nicht weil es in unserem Land besonders geistreiche Konzern- und Finanz-Strategen gibt, sondern weil jede Menge bodenständige und verantwortungsvolle Unternehmer täglich den Schwankungen und Hysterien der Weltmärkte trotzen. Das, was am Montagmorgen am Zugfenster vorbeizieht, würde auch der Occupy-Bewegung gefallen. Auf der Strecke zwischen Ulm und Stuttgart ist das Erfolgsgeheimnis unserer Volkswirtschaft zu bestaunen. Im »German Mittelstand« werden Werte noch gelebt.

Action required! Wir müssen umdenken

Während sich die halbe Welt Gedanken über die Zukunft der Marktwirtschaft macht, sorgen sich die meisten »Young Professionals« und Business-School-Absolventen mehr um ihren Lebenslauf als um globale Ungleichgewichte. Oft hörte ich in den letzten Monaten auch unter ihnen die Stimmen der Unzufriedenen. Laut zu widersprechen, wagten sie nicht. Die Krise der Wirtschaftselite beginnt beim Nachwuchs. Nicht selten debattierte ich abends mit meinen Kollegen an der Hotelbar über die moralischen Dilemmata der Finanzmärkte, über gedankenlose Schuldenpolitik und über zu hohe Manager-Abfindungen. Tagsüber sagten wir zu allem Ja und Amen.

Wir sollten uns wichtige Fragen stellen: Was läuft schief in den Chefetagen? Was ist der Grund für den Erfolg der ängstlichen Technokraten? Die aktuelle Managementkrise ist die Folge eines oft beschriebenen ökonomischen Werteverfalls. Unser Wirtschaftssystem verliert seine Überzeugungskraft. Dadurch gewinnen politische Kräfte die intellektuelle Lufthoheit, die von Freiheit und Verantwortung des Einzelnen nichts halten. Wem die soziale Marktwirtschaft lieb ist, der muss sich um den Zustand der Wirtschaftseliten mindestens so sorgen wie um die Wirtschaft generell. Auch Manager haben die Verantwortung, Vorbild zu sein. Sie sind Rollenmodelle für die Jugend. Eine kaputte Elite können wir uns nicht leisten.

Was notwendig wäre, ist so einfach wie revolutionär: eine neue Führungsmentalität. Kollektive Unzufriedenheit, Rezession, asiatische Billigkonkurrenz und öffentliche Schulden sind reale Bedrohungen. Gerade deshalb brauchen wir mutige und inspirierende Lenker in den entscheidenden Positionen. Menschen, die sich mehr Gedanken über Innovation machen als über Effizienz und Optimierung. Gefragt sind unangepasste und selbstkritische Entscheider, keine Folien-Grafiker. Diese bekommen wir nur dann, wenn wir Gestaltung in den Mittelpunkt wirtschaftlichen Handelns stellen, nicht betriebswirtschaftliche Konventionen. Der Kapitalismus muss sich nicht neu erfinden. Aber er muss anders gelebt werden.

Dieses Buch dient der Bestandsaufnahme. Jeder Reparatur geht ein Schadensbericht voraus. Die folgenden Kapitel sollen deshalb aufzeigen, an welchen Stellen die Führung unserer Ökonomie krankt. Sie sollen jene fatalen Fehler aufdecken, die in der Welt des Managements tagtäglich begangen werden. Sie sollen beschreiben, warum der ehrbare Kaufmann so selten geworden ist. Sie sollen analysieren, warum Konzerne pleitegehen, Angestellte verzweifeln und CEOs zu Feindbildern wurden.

Dort, wo die Karrieren der kaputten Elite ihren Anfang nehmen, beginnt auch dieser Bericht: in den Vorlesungssälen der Business Schools.

Schadensbericht

Hunting Ground

Das BWL-Studium ist Gehirnwäsche

Hunting Ground ['hʌntɪŋ graʊnd] = Beraterdeutsch für »gute Uni, um Neueinsteiger zu rekrutieren«. Verwendet als Bezeichnung für renommierte Business Schools, deren Absolventen heiß umkämpfte Bewerber sind.

Vallendar am Rhein. Ein unscheinbarer Ort unweit von Koblenz ist die Heimat einer der angesehensten Business Schools in Deutschland: der WHU – Otto Beisheim School of Management.* Hier begann nach dem Abitur meine Reise in die Welt der BWL. Ein altes Kloster, in dem bereits Goethe genächtigt haben soll, bildet das Hauptgebäude der Hochschule. In der Eingangshalle grüßt den Besucher die Bronzebüste des Namensgebers und Stifters höchstpersönlich. Neben der schicken Rezeption werden in einer Vitrine Merchandise-Artikel à la Oxford und Cambridge angeboten. Das Sortiment reicht von Manschettenknöpfen bis zum Visitenkartenetui. Auf vier Tafeln gegenüber prangen die Namen großzügiger Unternehmen, darunter stolze Adressen aus Investment Banking, Industrie und Strategieberatung. Deutsche Bank, Merrill Lynch, Morgan Stanley, Bain & Company – alle sind sie Teil der großen WHU-Familie. Um

* WHU steht für »Wissenschaftliche Hochschule für Unternehmensführung«.

die Ecke, über den hölzernen Stufen einer breiten Treppe, hängen Fotos von Absolventen. Eine Galerie von Ehemaligen, die sich für ihre Alma Mater spendabel gezeigt haben.

Zu meiner Zeit ging es noch etwas beschaulicher zu, heute zählt die Kaderschmiede mehr als 1000 Studenten.[1] Sie haben mit der Aufnahmeprüfung die Hälfte des Weges in eine aussichtsreiche Einstiegsposition schon geschafft. So zumindest versuchen es einem Professoren und ältere Semester von Tag eins der Ausbildung an klarzumachen. Das Aufnahmeverfahren ist kompliziert. Nach einem schriftlichen Intelligenztest wurde ich zu Einzelinterviews und Gruppendiskussionen auf den Campus geladen. Die zukünftigen Führungskräfte sollen auch in sozialer Kompetenz spitze sein. Ein Praktikum schon vor Studienbeginn ist Pflicht. Ich hatte meines bei der Boston Consulting Group absolviert. Ihr damaliger Deutschland-Chef Dieter Heuskel gratulierte mir zum Studienplatz und schwärmte von der WHU als idealem Jagdrevier. Es konnte losgehen.

Romantisches Studentenleben ist an der WHU Fehlanzeige. Vallendar bietet wenig Ablenkung. Das ist Teil des Konzepts. Während an öffentlichen Universitäten vielerlei Verlockungen vom Lernen abhalten, gibt es an der WHU nichts, was auch nur im Ansatz spannender sein könnte als Skripte und Fallstudien. Studentische Kneipen und Cafés gehören nicht zum Stadtbild. Wer den Ort zum ersten Mal besucht, dem fallen sofort junge Leute auf, die keine Zeit zu haben scheinen. Im Laufschritt eilen sie mit ihren Laptoptaschen durch die engen Gassen, um möglichst schnell zur Vorlesung oder zurück an den Schreibtisch zu kommen. Wie von einem anderen Stern erscheinen hier Bilder von entspannten Studierenden, die in Heidelberg, Tübingen oder München auf Rasenflächen und Treppen sitzen, Bier trinken, rauchen oder schmökern.

Einer meiner Professoren bezeichnete die WHU einmal als »Durchlauferhitzer«. Eine treffende Beschreibung. Wer hierher kommt, will sich nicht lange mit Studieren aufhalten. Die WHU ist eine »Mikrowelle, die ihre Absolventen in Rekordzeit gar kocht«.[2] Die Ausbildung ist der Katapultstart ins »Big Business«. In den Pausen zwischen den Vorlesungen werden E-Mails geschrieben oder *The Wall Street Journal Europe* gelesen. In ihrer freien Zeit widmen sich WHU-ler universitären Initiativen wie dem »Campus for Supply Chain Management« oder der studentischen Unternehmensberatung »Confluentes«. So lässt sich im Lebenslauf außeruniversitäres Engagement nachweisen. Arbeitswochen von 80 Stunden sind hier keine Seltenheit. In den Semesterferien wird kaum Urlaub gemacht. Es gilt, möglichst viele Praktika im In- und Ausland zu absolvieren. Wer mit Mitte 20 abschließt, hat schon viel durchgemacht. Manche Diplomanden »sehen aus wie Ende 30 und würden das wahrscheinlich als Kompliment auffassen«.[3]

»Burnen« für die Karriere

Schon im Grundstudium konnten wir uns offizielle WHU-Visitenkarten drucken lassen. Und die brauchten wir auch. Denn an rund zwei Abenden pro Woche stellen sich auf dem Campus Unternehmen vor. Die meiste Aufmerksamkeit bekamen Beratungen und Investmentbanken. Sie zahlen die höchsten Einstiegsgehälter. Das ist entscheidend für Studenten, die zum großen Teil materiell getrieben sind. Nach vier Wochen in Vallendar kannte ich die Einstiegsgehälter der größten Wall-Street-Firmen. Beim Thema Insolvenz im Fach Allgemeine Betriebswirtschaftslehre lautete die wichtigste Frage an den Professor: »Was verdient ein Insolvenzverwalter?« Bereits am Tag eins der Einführungswoche versprach ein frischgebackener Absolvent uns »Quietschies« (so hießen wir Erstsemester) während einer abendlichen Bootsfahrt auf dem Rhein: »225 000 € im Jahr nach zehn Jahren! Das ist Durchschnitt hier!« Meine Kommilitonen strahlten. Welche Farbe soll der erste Porsche haben? Anthrazit oder doch lieber Blau?

Das Humboldt'sche Bildungsideal hat seinen Weg hingegen nicht nach Vallendar gefunden. Die zukünftigen Top-Kräfte erwarten keine hitzigen akademischen Debatten. Stattdessen gilt es, PowerPoint-Folien möglichst rasch auswendig zu lernen. »Burnen« nennen die WHU-ler das stumpfe Einprägen sogenannter Bullet Points, der Stichpunkte in den Vorlesungsunterlagen. Nach der Prüfung durfte getrost alles wieder vergessen werden. Bis zum nächsten Test blieb meist nur wenig Zeit. Ran an einen weiteren Ordner und wieder 1000 Bullets zum mentalen Einprügeln. Als »Bulimie-Lernen« wird dieser Arbeitsstil in Vallendar auch treffend bezeichnet. Ständige Leistungsnachweise statt Zeit zum Nachdenken. Aus meinem Grundstudium an der WHU habe ich nicht allzu viel behalten.

Geboten wird eine praktische Berufsausbildung zum

Manager, keine akademische Bildung. Gelehrt wird Handwerkszeug, nicht mehr und nicht weniger. Die Studenten der BWL-Schmiede seien »vergleichbar mit einem Wachstumsunternehmen«, beschreibt ein Professor das System in einem Absolventen-Jahrbuch. Nach Semestern der teuren Investitionen in ihre Ausbildung kommen sie auf den Arbeitsmarkt, um endlich »positive Cashflows zu erzielen«.[4]

Auf dem mit hohen Gebühren (zurzeit 5300 Euro pro Semester im Bachelor-Studiengang[5]) bezahlten Stundenplan stehen die Klassiker der Betriebswirtschaftslehre: Wettbewerbsanalyse, Strategieplanung, Finanzoptimierung. Die Werkzeuge der Management-Wissenschaft sollen dabei helfen, Märkte und betriebliche Entscheidungen strukturiert zu betrachten. Sie heißen »Porter's 5 Forces«, »BCG Matrix« oder »Experience Curve«. Spätestens im Vorstellungsgespräch muss man zeigen, dass man die Modelle anwenden kann.

Das Fach Wirtschaftsethik wurde mir nicht gelehrt. Und schon mit dem ersten VWL-Skript wurde uns klargemacht, wohin die Reise ging. Darin war zu lesen: »Da der reinen Planwirtschaft und den Mischformen zwischen Plan- und Marktwirtschaft heute keine große Bedeutung zukommt, sollen diese Wirtschaftssysteme hier nicht weiter verfolgt werden.«[6] Der Sozialismus wurde kurz und knapp, im Rahmen des kleinen Fachs Wirtschaftsgeschichte abgehandelt. Von Gastprofessoren, die von öffentlichen Universitäten kamen.*

* In der aktuellen Struktur des WHU-Bachelor-Studiengangs sind wirtschaftsethische Kurse dem Modul »Studium Fundamentale« zugeordnet. Dieses macht jedoch als Ganzes nur fünf Prozent der gesamten Studienleistungen aus.

Die WHU selbst hat sich vollständig auf die Bedürfnisse der spendenden Unternehmen eingestellt. Für deren Leistung müsse die Uni »auch eine Gegenleistung erbringen«, so Peter Jost vom Lehrstuhl für Organisationstheorie gegenüber einem *Spiegel*-Redakteur.[7] Vielleicht hat es das Fach Wirtschaftsethik auch deshalb so schwer. Vermutlich behagen dessen Inhalte den größten Geldgebern einfach nicht. Weit entfernt von Harvards Leitbegriff »Veritas« heißt es an der WHU offiziell »Passion, People and Performance« – eine Alliteration, die erstaunlich dem Werbespruch von Bain & Company ähnelt, eine der renommiertesten Strategieberatungen und gleichzeitig einer der wichtigsten Recruiter am Campus. Dieser lautet: »People. Passion. Results.« Auch die Deutsche Bank, ebenfalls großer Sponsor der WHU, prahlt mit ganz ähnlichen Werten. Ihr Claim heißt bekanntlich: »Passion to Perform«.

Ganz im Sinne der Arbeitgeber werden WHU-ler knallhart auf Leistung getrimmt. Performance ist nicht nur Leidenschaft, sondern auch Status. »An eins musst du dich gewöhnen – dass es hier Leute geben wird, die besser sind als du! Ich hatte daran zu knabbern, und zwar nicht zu schlecht. Ich kannte das nicht«, erklärte mir ein älterer Kommilitone in der ersten Woche. Stehen Klausuren an, wird gemeinsam bis zum Morgengrauen gelernt. Kein Wunder, dass der Geruch von Red Bull die Prüfungsräume erfüllte.

Am Ende des Grundstudiums wurde intern ein Ranking veröffentlicht. In die renommiertesten Banken und Beratungsfirmen schaffen es meist nur die oberen Ränge. Die Plätze für das Auslandsstudium wurden ebenfalls nach Ranking-Position vergeben. Dementsprechend hoch war der Anreiz, besser zu sein als die anderen. Ein Student mit sehr guter Platzierung prahlte: »Wenn ich mehr als vier Stunden schlafe, bekomme ich Kopfweh!«

Mythen rankten sich um die großen Vorbilder der meisten WHU-ler, um die viel beschäftigten »Dealmaker« in London und Frankfurt. Einmal erzählte ich am Mittagstisch eine erfundene Geschichte. Neulich hätte ich einen Investmentbanker von Goldman Sachs getroffen, der sich angewöhnt habe, nur noch jede zweite Nacht zu schlafen. Meine Zuhörer staunten. Und sie glaubten mir. Am nächsten Tag unterhielt ich mich zufällig mit einem älteren, mir bis dahin unbekannten Mitstudenten, der sich offensichtlich auch für das Investment Banking begeisterte. Im Laufe unserer Konversation erzählte er mir eine schier unglaubliche Geschichte: Es müsse wohl einen Goldman-Banker geben, der tatsächlich nur jede zweite Nacht schlafe! Meine Geschichte hatte sich schneller verbreitet als erwartet. WHU-ler bewundern jene, die mehr arbeiten als andere. Das macht sie für Personalabteilungen zu idealen Bewerbern.

Ohne moralischen Kompass

Wer die Krise der ökonomischen Elite live erleben will, der lauscht ihr am besten hier, wenn die vielversprechende Studentenschaft Vallendars von den Größen der deutschen Wirtschaft besucht wird. Im Gewölbekeller oder in der Zitadelle des alten Klosters plaudern sie dann aus dem Nähkästchen. Nachwuchspflege. Auf der Liste der prominenten Besucher steht auch Alexander Dibelius, der umstrittene Deutschland-Chef von Goldman Sachs. Hier spricht er, der angeblich auch die Ansicht vertritt, mehr als vier Stunden Schlaf pro Tag seien reine Gewohnheit, entwaffnend offen zu den High Potentials. Er erzählte uns zum Beispiel, was ihn, den ausgebildeten Herzchirurgen, in den achtziger Jahren dazu gebracht hatte, bei McKinsey anzuheuern. Dort schaffte er es vor seinem Wechsel zu Goldman in Rekordzeit bis zum Partner. Damals habe er einen Artikel des *manager magazins* über jene legendäre Unternehmensberatung gelesen. Titel: »Die eiskalte Elite«. »Da passe ich rein«, hatte er sich gesagt. Legendenbildung? Vielleicht. Doch es sagt viel, dass Dibelius glaubt, damit an der WHU punkten zu können. Er wusste, was er tat. Man konnte tatsächlich leuchtende Bewunderung in den Augen seiner Zuhörer sehen. Bekenntnisse dieser Art sorgen wohl nur an einem Ort wie diesem für Begeisterung.

2010, auf dem Höhepunkt der Finanzkrise, ging Dibelius noch weiter und verkündete, ebenfalls in Vallendar, diesmal auf der jährlichen, von Studenten selbst organisierten Finanzkonferenz: »Banken müssen nicht das Gemeinwohl fördern.«[8] Nach mehreren staatlichen Bankenrettungsaktionen durchaus eine steile These. Die Presse war anwesend, weshalb seine Aussage diesmal für einen Sturm der Entrüstung sorgte.[9] Dabei kann man Dibelius eigentlich dankbar sein für seine Aufrichtigkeit. Ohne Rücksicht auf Verluste bestätigt er vieles von dem, was kritische Geister der Finanzbranche schon lange vorwerfen. Was ihn dazu bewegt, an der WHU besonders ehrlich zu sein? Hier fühlt er sich vermutlich unter seinesgleichen.

Viel wurde in den letzten Jahren über die Ausbildung künftiger Manager an den Business Schools von Cambridge bis Vallendar diskutiert. Die Kaderschmieden und deren »gierige Absolventen ohne moralischen Kompass«[10], so der US-Ökonom Michael Czinkota, gelten als eine der zentralen Ursachen der Finanzkrise. Tatsächlich drängen an die großen BWL-Fakultäten vor allem solche Abiturienten, deren wichtigstes Ziel die eigene Karriere ist. »Für den Besuch einer Business School entscheidet man sich im Regelfall, weil man reich, und nicht, weil man klüger werden möchte«, so schrieb *The Economist* schon vor mehr als 15 Jahren.[11]

Eine betriebswirtschaftliche Ausbildung zieht einen bestimmten Typus Student an. Als »Karrierist« bezeichnet ihn der Organisationspsychologe Lutz von Rosenstiel. »Bei den Karrieristen stehen vor allem zwei Dinge auf der Agenda: erfolgreich sein und Geld machen. Ihnen sind, anders als den Idealisten, die Inhalte ihres Jobs relativ egal. Sie identifizieren sich problemlos mit den Unternehmenszielen – egal ob diese ethisch-moralisch vertretbar sind oder nicht.«[12] Gegenseitig bestärken sich die ehrgeizigen BWL-er in ihrer Weltsicht. Das universitäre Umfeld prägt die Studenten der WHU. Junge Menschen, die in ihren Anlagen und Interessen bereits sehr ähnlich sind, werden in Vallendar zur homogenen Gruppe.

In ihrer Ausbildung wird den »Karrieristen« ihr Eigeninteresse als notwendige Eigenschaft eines modernen, wirtschaftlichen Menschenbildes verkauft. Viele Experten sind sich deshalb einig: »Das Ökonomie-Studium heute gleicht einer Gehirnwäsche.«[13] Statt die ehrgeizigen Studenten aufzuklären und ihnen Alternativen aufzuzeigen, werden die Manager von morgen ausgebildet, als sei der Homo oeconomicus immer noch Herr der Lage. Für Reflexion bleibt keine Zeit im vollgepackten Vorlesungsbetrieb. Menschliche oder soziale Komponenten sind auch nach der großen Krise nicht Teil des Studiums.

»Die Theorie, die heute vermittelt wird, hat substantiell versagt und ist moralisch verrottet«, so das Urteil von Thomas Sattelberger.[14] Der ehemalige Personalvorstand der Deutschen Telekom gilt als einer der größten Kritiker der angelsächsisch geprägten Manager-Ausbildung. Seine traurige Erkenntnis: »Ideologisch gesehen sind die großen Business Schools doch fast alle lebendige Leichen.« Das Problem liegt auf der Hand: Wer in den Köpfen der Studenten Egoismus säht, der erntet Bosse, die ihre eigene Beschränktheit für rational halten. Spieltheoretische Experimente zeigen: Wirtschaftsstudenten verhalten sich weniger kooperativ als Kommilitonen anderer Fachrichtungen.[15] Und unreflektierte Karrieristen werden später keine kritischen Köpfe einstellen.

Vorlesungen und Prüfungen der zukünftigen Manager und Banker bestehen zu 80 Prozent aus nichts anderem als analytischem Problemlösen.[16] Verbale Argumente gelten als unseriös und wenig überzeugend. »Soft Skills«, so der kanadische Management-Professor Mintzberg, »passen einfach nicht in den Lehrplan. Die Mehrzahl der Professoren interessiert sich nicht für sie oder ist unfähig, sie zu unterrichten (...) – sie gehen in einem See aus harter Analyse und Technik unter.«[17]

Mit Psychologie oder Politikwissenschaften kommen die meisten Studenten gar nicht erst in Berührung. Es wundert deshalb kaum, dass sich Querdenker und Idealisten nur selten für ein wirtschaftswissenschaftliches Studium begeistern lassen. »Adverse Selektion« nennen Ökonomen das. Die Business Schools liefern der Gesellschaft einen Führungsnachwuchs, wie sie ihn nicht mehr gebrauchen kann.

Zeit für echte Alternativen

Erst in jüngster Vergangenheit starteten zahlreiche Top-Universitäten Ethik-Kurse.[18] Vor vier Jahren, auf dem Höhepunkt der großen Krise, gab es in Deutschland weniger als zehn BWL-Professoren, die sich mit der Thematik Unternehmensethik oder der sogenannten Corporate Social Responsibility (CSR) beschäftigten.[19] Die sich in dieser erschreckend kleinen Zahl ausdrückende Geringschätzung ist in der Ausbildung des Management-Nachwuchses bis heute vielerorts zu spüren. Ethik wird der Lehre von ökonomischer Logik untergeordnet. 2009 führte die Harvard Business School zum ersten Mal eine Art hippokratischen Eid für ihre Absolventen ein. Zentrale Aussage: Gier ist nicht gut. 450 Studenten (also etwa die Hälfte des Jahrgangs) legten das Gelübde ab.[20] Im selben Jahr präsentierten die Young Global Leaders des World Economic Forums auf dem Weltwirtschaftsgipfel in Davos den sogenannten

Global Business Oath. In Deutschland folgte als erste Hochschule im Jahr 2011 die European Business School (EBS) in Wiesbaden.[21] Rund 100 Kilometer rheinabwärts, in Vallendar, lehnt man einen solchen Schwur jedoch ab. Der *Financial Times Deutschland* sagte der akademische Direktor der Graduierten-Ausbildung an der WHU im Februar 2010: »Wir sind eine Universität und keine Erziehungsanstalt.«[22] Ein klares Bekenntnis.

In der Tat lässt sich ethisches Verhalten nicht durch einen Eid oder einzelne Ethikkurse garantieren. Das öffentliche kollektive Abschwören von der Gier ist nicht mehr als eine symbolische Handlung. Häufig sind Verhaltenskodizes nicht viel mehr wert als das Papier, auf dem sie gedruckt sind – und das gilt nicht nur für Universitäten. Während eines Studienpraktikums in einer großen Investmentbank bekam ich einmal ernsthaften Ärger, weil ich eine Online-Schulung zum Thema »Compliance« (wie verhindere ich Geldwäsche etc.) nicht rechtzeitig durchgeklickt hatte. Wer nun glaubt, in diesem Kreditinstitut würden besonders integre Banker schalten und walten, der irrt gewaltig. Dieselbe Bank war in den Folgejahren Schauplatz eines Groß-Skandals nach dem anderen. Die verordnete Strenge hatte keine Auswirkungen. Es ist offensichtlich: Gier und kriminelle Energie sind Fragen der Geisteshaltung, nicht leerer Absichtsbekundungen.

2010 ernannte die Harvard Business School Nitin Nohria zu ihrem neuen Dekan. Nohrias Berufung wurde von vielen als ein erstes Zeichen der Erneuerung angesehen. Als Wissenschaftler beschäftigt sich der gebürtige Inder mit Führung, nachhaltigem Erfolg und Unternehmensethik. Er ist einer der Erfinder des Manager-Eides. Seit seinem Amtsantritt startete er verschiedene kleinere Initiativen zur Reformation der Managerausbildung. Doch tatsächlich verändert hat sich an deren grundsätzlicher Struktur seit Ausbruch der Finanzkrise nicht viel.

Die Bemühungen der Kaderschmieden reichen noch lange nicht aus. Auch weiterhin werden an Rhein und Charles River fantasielose, ängstliche Technokraten und hechelnde Gewinnmaximierer wie am Fließband produziert. Sie wagen keinen Blick über den Tellerrand der BWL. Sie sind angepasst, sie reflektieren und hinterfragen wenig und denken immer gleich – ganz wie es sich so manche Personalabteilung wahrscheinlich insgeheim wünscht.

Grund zur Hoffnung gibt es ausgerechnet im deutschsprachigen Raum. Hier sind seit längerer Zeit erste alternative Ansätze praktischer Universitätsausbildung zu finden. 2003 ging in Friedrichshafen die private Zeppelin Universität (ZU) an den Start. Sie bezeichnet sich selbst als »Universität zwischen Wirtschaft, Kultur und Politik«. Die ZU ist keine der üblichen Business Schools. Sie will ein Studium der »Wirtschaft ohne Wirtschaftswissenschaften« bieten.[23] Es weht ein fast schon geisteswissenschaftlicher Wind durch die Flure. Die Studenten träumen hier nicht von Jobs bei Banken und Beratungen, sondern von den Möglichkeiten eines individuellen Lebensstils in Zeiten ökonomischer Zwänge. Die Zeppelin Universität will keine High Potentials, sondern »kreative Gestalter« hervorbringen, ihre Studierenden sieht sie als »Pioniere der Verantwortungsbereitschaft«.[24] Ihr Gründungsrektor Stephan Jansen, selbst renommierter BWL-Professor im Bereich Fusionen und Übernahmen, spricht Studenten ein »Recht auf geistige Verwahrlosung«[25] zu. Ein Kommentar, der anders klingt als alles, was in Vallendar zu hören ist.

Sämtliche Studiengänge der ZU sind interdisziplinär und vereinen Kurse aus Politik, Soziologie und Wirtschaftswissenschaften. Kritisch sollen die Entscheidungsträger von morgen sein und frei von Scheuklappen. Selbst Sommerfeste haben in Friedrichshafen politisch-intellektuelle Motti. 2012 Jahr feierte man unter dem Slogan: »Stabile Fragilität – Fragile Stabilität«. Auf der Einladung heißt es vielsagend: »Umzugskisten, Übergangslösungen und Ausnahmeregeln sind die wahre Nachhaltigkeit – ob Rettungsschirme, Leiharbeit, militärische Interventionen oder temporäre Bauten: erstaunliche Langlebigkeiten.«[26] Ob so eine Party zum rauschenden Fest werden kann, darf bezweifelt werden. Fest steht aber, dass sich die ZU bewusst von anderen privaten Universitäts- und Business-School-Modellen abheben will. Gesellschaftliche Fragen und kritische Diskussionen prägen das studentische Leben. Natürlich fehlt es der ZU noch an akademischer Tradition, und ihre Ausbildung wird erst dann über alle Zweifel erhaben sein, wenn die ersten Absolventen tatsächlich zu Entscheidungsträgern geworden sind. Das wird noch zehn Jahre dauern. Dennoch zeigt sich in Friedrichshafen ein neuer und vielversprechender Geist.

Auch am anderen Ende der Republik versucht eine Hochschule, vieles besser zu machen. An der öffentlichen Leuphana Universität in Lüneburg wurde das komplette Ausbildungssystem radikal neu ausgerichtet. Einst als

Negativbeispiel deutscher Massenunis verschrien, ist die Leuphana seit Beginn der Reformbemühungen 2006 Vorzeigeobjekt. Kultur, Bildung, Wirtschaft und Nachhaltigkeit sind hier die Schwerpunkte in Studium und Forschung. Einzelstudiengänge gibt es nicht mehr. Stattdessen wird der »Leuphana Bachelor« angeboten. Dieser beginnt mit einem verpflichtenden Semester Studium Generale. Darin geht es um Methoden, Geschichte und Verantwortungsbewusstsein. Studierende gleich welcher Fachrichtung müssen sich mit grundsätzlichen gesellschaftlichen und wissenschaftlichen Fragestellungen beschäftigen und Module wie »Wissenschaft trägt Verantwortung« oder »Wissenschaft macht Geschichte« absolvieren. Erst anschließend können sie ein Hauptfach wählen, müssen aber zusätzlich ein Nebenfach belegen und sich im sogenannten Komplementärstudium mit Inhalten jenseits ihres eigenen Fachbereichs beschäftigen. Die darin angebotenen Module bilden Themenbereiche wie »Kunst und Ästhetik« oder »Verstehen und Verändern« ab. Ohne Allgemeinbildung kommt hier keiner durchs Studium.

Der Kopf hinter den Umwälzungen in der Lüneburger Heide ist Sascha Spoun. Mit 36 Jahren wurde er jüngster Universitätspräsident Deutschlands. Kein grauhaariger Professor, sondern ein dynamischer Reformator. Vor seinem Wechsel nach Norddeutschland hatte Spoun bereits die Neukonzeption der Lehre an der Universität St. Gallen geleitet. Die Einführung von Bachelor und Master im Rahmen des Bologna-Prozesses hatte man dort Anfang des Jahrtausends als Chance zum Wandel erkannt. Spoun ist

Wirtschaftswissenschaftler und forschte über Wege der Erneuerung in der öffentlichen Verwaltung. Für ihn ist die »Freiheit zur persönlichen Entfaltung durch die Auseinandersetzung mit Wissenschaft das Wesen der Universität«. Dieses Verständnis prägt seine Ziele: »Wir wollen als öffentliche Universität in Deutschland dieser humanistischen Tradition folgen.«[27] Bereits in St. Gallen hatte er dafür gesorgt, dass ein Viertel der Studienleistungen in einem verpflichtenden Studium Generale erbracht werden muss. An der eigentlich auf Wirtschaft und Recht fokussierten Schweizer Uni finden sich deshalb an der »School of Humanities and Social Sciences« auch Lehrstühle für Philosophie, Geschichte und Soziologie. Und ähnlich wie in Lüneburg können auch hier die Studenten erst im zweiten Jahr ein Hauptfach wählen.

Zurück zu Humboldt!

Eine Menge kann sich ändern in Sachen Managerausbildung. In Deutschland genauso wie überall sonst auf der Welt. Wer die Krise der Wirtschaftselite überwinden will, sollte an den Unis beginnen. Die meisten Hochschulen kommen ihrer gesellschaftlichen Verantwortung kaum nach. Eine neue Kultur kann in den Vorlesungsräumen der BWL-Fakultäten viel bewegen. Wenn Management-Rekruten dort bereits lernen, wie wichtig ständiges Hinterfragen ist, werden sie es später vielleicht nicht mehr akzeptieren, wenn man ihnen im Job »Head down and deliver« zuruft. Altgediente geisteswissenschaftliche Ideale jenseits vom ökonomischen Wert der Bildung sind die Lösung. Anders ausgedrückt: Ein bisschen mehr öffentliche Uni würde auch mancher Business School guttun. Die Erziehung zur geistigen Freiheit muss wieder in das Zentrum der Lehrpläne rücken.

Selbst an der WHU gibt es noch Grund zur Hoffnung. Das Ausbildungssystem der Hochschule ist kritikwürdig. Trotzdem habe ich in Vallendar viele meiner besten Freunde kennengelernt. Es wäre viel zu einfach (und schlicht falsch), die WHU-ler über einen Kamm zu scheren. Einige außeruniversitäre Initiativen widmen sich durchaus sozialen oder gesellschaftlichen Themen. Für die Campus-Zeitung *Germany Calling* schrieb ich schon während meines Grundstudiums kritische Artikel. Sie trugen Titel wie »Ehrgeiz in Ehren« oder »Die eiskalte Elite« (in Anlehnung an den Fall Dibelius). Ich hatte mich jedes Mal wieder auf einen Sturm der Entrüstung eingestellt, hätte mich gerne in Diskussionen gestürzt. Doch so weit kam es nicht. Ich erntete kaum Widerspruch. Im Gegenteil: Kommilitonen, von denen ich es am allerwenigsten erwartet hätte, schrieben mir zustimmende E-Mails. Nicht ein einziger kritischer Kommentar erreichte mich. Offenbar war ich mit meiner Meinung nicht ganz allein. Doch zum offenen Protest fehlte manchem wohl der Mut.

Action required! Während meines Promotionsstudiums reiste ich noch einmal an die WHU. Gerade angekommen, setzte ich mich in die Mensa und lauschte einem Gespräch. Ein Student sagte zum anderen: »Ich habe gerade das Problem-Kit mit dem neuen Excel-Tool gelöst. Und ich sag dir:

Da hab ich so viel Effort reingesteckt, wenn ich da bei unserem aktuellem Workload keine 1,0 bekomme, sehe ich keinen Benefit drin!« Ich wusste, wo ich war. Und mir war klar: Wer eine humanere Wirtschaft schaffen will, sollte an den Business Schools beginnen.

Zum Glück hatte ich in Vallendar nicht mein ganzes Studium verbracht.

Rocket Science

Die ökonomische Wissenschaft hat sich verirrt

Rocket Science [ˈrɒkɪt saɪəns] = Beraterdeutsch für eine »Tätigkeit, die besonders anspruchsvoll und aufwendig ist«. Fast ausschließlich in der negativen Form verwendet, um auszudrücken, dass bestimmte Aufgaben »keine Rocket Science« sind und deshalb schnell und einfach durchführbar.

München, Maxvorstadt. Das Schwerpunktseminar »Multinational Firms and International Trade« fand in einem Altbau in der Schackstraße statt, nur einen Steinwurf vom Englischen Garten entfernt. Etwa ein Dutzend angehender Ökonomen saßen um einen großen Konferenztisch und lauschten den Ausführungen von Professor Peter Egger. Es ging um große volkswirtschaftliche Fragen, etwa darum, weshalb Länder miteinander Handel treiben oder Unternehmen im Ausland investieren. Der Kurs bot einen Streifzug durch die Geschichte der Handelstheorie. Wir starteten beim großen David Ricardo und arbeiteten uns vor bis zum Nobelpreisträger Paul Krugman. Das studentische Publikum war bunt gemischt. Das Spektrum reichte vom linksalternativen Aktivisten mit Dreadlocks bis zum streng frisierten Jung-Karrieristen.

Nach dem Vordiplom an der WHU war ich von der Betriebs- zur Volkswirtschaftslehre gewechselt. Im Hauptstudium wollte ich mich mit den wirklich wichtigen Themen beschäftigen. Ich wollte begreifen, was Arbeitslosigkeit mit Zinsen zu tun hat, warum Afrika ärmer als der Rest der Welt ist und was es mit keynesianischer Wirtschaftspolitik auf sich hat. Also verließ ich als einer von ganz wenigen freiwillig die Kaderschmiede am Rhein und versuchte mein Glück an einer öffentlichen Universität. Die wirtschaftswissenschaftliche Ausbildung dort, dachte ich, würde mir mehr bringen als alle Management-Techniken und Fallstudien in den Kursplänen einer Business School. Die Ludwig-Maximilians-Universität galt damals wie auch heute als eine der besten volkswirtschaftlichen Forschungs- und Bildungsstätten im deutschsprachigen Raum. Ein Abschluss als Diplom-Volkswirt war mein nächstes Ziel.

Professor Egger beschrieb die letzten freien Stellen einer Tafel, die bereits komplett mit Definitionen, Gleichungen und Ungleichungen bedeckt war. Eine Ableitung folgte der anderen. Sämtliche Buchstaben des griechischen Alphabets fanden ihre Verwendung. Wer mathematische Operationen wie das Lagrange-Verfahren oder das totale Differenzieren nicht im Schlaf beherrschte, hatte keine Chance mitzukommen. In einem wirtschaftswissenschaftlichen Seminar über Handel und multinationale Konzerne geht es nicht um kontroverse politische Debatten zum Thema Globalisierung. Die Theorie besteht ausschließlich aus mathematischen Modellen. Besprochen werden Formeln, nicht mehr und nicht weniger. Ein Außenstehender hätte auf den ersten Blick wohl vermutet, in einem Seminar für Quantenphysik gelandet zu sein. Reflexion: auch hier Fehlanzeige.

Das war 2006, zwei Jahre vor dem großen Knall. Professor Egger lehrt mittlerweile an der ETH in Zürich. Er ist ein guter Ökonom. Regelmäßig landet er in offiziellen Forschungsrankings auf Spitzenpositionen. Im deutschsprachigen Raum würde man ihn wahrscheinlich als Vorzeigewissenschaftler beschreiben. Hierzulande können nur wenige seiner Kollegen derart viele Beiträge für renommierte Fachzeitschriften vorweisen. Und doch wurde beim Besuch seiner Lehrveranstaltung offensichtlich, an welcher Krankheit Eggers »Branche« bis heute leidet. Seine Zunft hat sich ins Aus manövriert.

Eine Historie der Verirrungen

Wenn man sich die Geschichte der Wirtschaftswissenschaft ansieht, dann versteht man, warum Business Schools zu Kultstätten der Gier wurden und in Lehrplänen jahrzehntelang nicht viel Wert auf Ethik gelegt wurde. Die Ausbildung der Manager ist nicht zuletzt auch Ausdruck einer generellen theoretischen Verirrung der Ökonomen in den letzten 60 Jahren. Noch heute wird Studenten die Ideologie eines gescheiterten wissenschaftlichen Weltbildes eingetrichtert. Die Krise der Wirtschaftselite ist somit auch eine Krise der ökonomischen Lehre.

Viele der Kritikpunkte, denen sich VWL und BWL heute stellen müssen, haben ihren Ursprung bereits in den Anfängen der Ökonomik. Als Vater der modernen Volkswirtschaftslehre gilt Adam Smith mit seinem 1776, ausgerechnet im Jahr der amerikanischen Unabhängigkeitserklärung erschienenen Meisterwerk *Der Wohlstand der Nationen*.[1] Mitten in einer Epoche, die geprägt war von Absolutismus und staatlichen Eingriffen in die Wirtschaft, glaubten angelsächsische Vordenker wie Smith an die Kraft des Individuums. In diesem Kontext entstand die berühmte Metapher von der »unsichtbaren Hand« des Marktes, die ohne zentrale Steuerung für Wachstum und Reichtum sorgt – eine in jenen Tagen im wahrsten Sinne revolutionäre These. Nicht umsonst ist Smith bis heute das Idol aller Liberalen und Marktgläubigen.

Immer schon gilt der Eigennutz in der ökonomischen Wissenschaft als der entscheidende Motor gesellschaftlichen Reichtums. »Nicht von dem Wohlwollen des Fleischers, Brauers oder Bäckers erwarten wir unsere Mahlzeit«, folgert Smith, »sondern von ihrer Bedachtnahme auf ihr eigenes Interesse«.[2]

Der große Ökonom und Nobelpreisträger Milton Friedman prägte einst den legendären Satz: »Die soziale Verantwortung einer Firma besteht darin, ihre Gewinne zu steigern.«[3] Die einzige moralische Beschränkung betrieblichen Handelns, so Friedman, sei das Gesetz. Der Wirtschaftswissenschaftler begründet seine radikal liberale Meinung mit dem seit Smith bestehenden Argument, dass einzelne Manager nicht wissen könnten, was letztlich gut für die Gesellschaft sei. Vom kollektiven Nutzen könnten sie als Individuum qua definitionem nichts verstehen. Nur ein freier Markt mit jeweils eigennützig handelnden Marktteilnehmern sei in der Lage, das öffentliche Wohl zu maximieren. Eine genuine gesellschaftliche Verantwortung von Unternehmen verneinen Friedman und seine Anhänger. Wen wundert es da, dass ein Alexander Dibelius lautstark verkündet, Banken müssten nicht das Allgemeinwohl fördern.

Smith und die frühen Theoretiker beschäftigten sich noch viel mit Psychologie. Sie erkannten menschliche Gefühle als entscheidende ökonomische Kräfte an. Siebzehn Jahre vor der Veröffentlichung des *Wohlstands der Nationen* publizierte Smith sein philosophisches Hauptwerk, die *Theorie der ethischen Gefühle.*[4] Darin erklärt er, wie Emotionen, Begierden und Objektivität im Menschen zusammenwirken. Jeremy Bentham, ein weiterer Gründervater der Wirtschaftswissenschaft, beschrieb den (ökonomischen) Nutzen von Gütern und Handlungen als die Summe an positiven und negativen Emotionen, die mit ihnen einhergehen. Doch Psychologie und Philosophie verschwanden immer mehr aus der wirtschaftlichen Forschung. Die Professorenschaft glaubte bis zur jüngsten Krise fast ausschließlich an die Kraft der Vernunft. Und sie glaubte vor allem an sich selbst.

Symbol für den rationalistischen Irrglauben ist der Homo oeconomicus, jenes Zerrbild eines überrationalen, emotionslosen, allwissenden und ständig optimierenden Wesens. Dieses wahrlich unsympathische Geschöpf ist gierig, selbstsüchtig und misstrauisch. Es besitzt eindeutige und quantifizierbare Präferenzen. Es ist mehr Computer als Mensch. Alles, was den Homo oeconomicus interessiert, ist sein eigener Nutzen. Je größer der Profit, desto größer der Nutzen.

Schnell schlossen Ökonomen die neue Gestalt in ihr Herz. Das eigentlich nur zur Erklärung komplexer Zusammenhänge erfundene Konzept hat in den Köpfen der meisten Wirtschaftsprofessoren bis heute de facto normativen Charakter. Aus dem Glauben an die Ratio wurde der Glaube an die positive Wirkung der Rücksichtslosigkeit.

In der zweiten Hälfte des 20. Jahrhundert verwandelte sich die Wirtschaftsforschung dann auch noch in ein Fach der angewandten Mathematik. 1947 erschienen die *Foundations of Economic Analysis.*[5] Ihr Autor, der Nobelpreisträger Paul Samuelson, gab dem Fach ein mathematisches Fundament. Es war der Startschuss zur Transformation einer kompletten Wissenschaft, deren Vertreter von nun an nach dem Ideal naturwissenschaftlicher Exaktheit strebten. Formeln boten einen Ausweg aus dem scheinbaren Joch geisteswissenschaftlicher Ungenauigkeit. Dabei diente die Modellwelt der Physik den Volkswirten als Vorbild. Von »Physik-Neid« sprechen heute Wissenschaftstheoretiker.[6] Ökonomische Zusammenhänge wurden von nun an nur noch in Gleichungssystemen dargestellt. Die angesehensten Journale verkamen zu Schaufenstern einer mathematischen Nabelschau. Wissenschaftlicher Anspruch wird bis heute vor allem an der methodischen Raffinesse gemessen. »Irgendwann ist die herzliche Umarmung der Mathematik in blinde Verliebtheit und schließlich in Besessenheit umgeschlagen«, kritisiert der in Princeton forschende Alan Blinder.[7]

Es war das verquere Menschenbild des Homo oeconomicus, das die stupide Mathematik-Gläubigkeit der Ökonomen überhaupt erst ermöglichte. Mit ihm hatten es sich die Wirtschaftswissenschaftler sehr leicht gemacht. Sie beschäftigten sich nicht mehr mit dem real existierenden Menschen, sondern konstruierten sich ein Fabelwesen, dessen Verhalten und Vorlieben die Modelle ganz einfach aufgehen ließen. Sie hatten erkannt: Ein Geschöpf, das ständig optimiert, ist im wahrsten Sinne leicht berechenbar.[8]

Lehren fern der Realität

Volkswirte wurden zu Mathe-Nerds, komplexe Modellwelten zum letzten Ziel ihrer Arbeit: »Das Werkzeug bestimmt zunehmend, welchen Fragen man sich zuwendet«, bekennt der Freiburger Ökonom Viktor Vanberg.[9] Verliebt in ihre Gleichungen, streben Wissenschaftler bis heute vor allem nach modelltechnischer Eleganz. Nur selten vermögen sie, ihre Schlussfolgerungen in einfache und verständliche Worte zu packen. Das Fach Wirtschaftspolitik findet in den Lehrplänen immer weniger Platz. Statt konkret Stellung zu gesellschaftspolitischen Fragen zu beziehen, versuchen Forscher aus dem Marktgeschehen Naturgesetze abzuleiten. Die Politikberatung gilt als die profane Schwester der »wahren« – also theoretischen Zunft.

»Methodik garantiert formale Rigorosität, ist aber für die Analyse realweltlicher Wirtschaftspolitik wenig geeignet«, geben kritische Professoren zu.[10] Es ist kein Wunder, dass Politiker oft wenig auf die Meinung der Volkswirte geben. »Die Ökonomen haben eine eigene Sprache entwickelt, die niemand anders verstehen kann«, sagt der New Yorker Volkswirt Roman Frydman. »Damit haben sie sich für Kritiker von außen unangreifbar gemacht.«[11]

Die entwickelten Modelle basieren meist auf absurden Annahmen und sind in ihrem Abstraktionsgrad selten zu übertreffen. Was dem Laien merkwürdig vereinfacht erscheinen muss, ist für den Volkswirt die ideale Arbeitsgrundlage. »Im Folgenden nehmen wir eine Ökonomie mit nur einem Produkt und zwei Unternehmen an.« So oder so ähnlich lautet ein typischer Satz, wie wir ihn als Studenten täglich von unseren Dozenten zu hören bekamen. »Viele beschäftigen sich nicht mit der Welt, in der wir leben, sondern mit der Welt, in der sie gerne leben würden«, beschwert sich Harvard-Professor Benjamin Friedman deshalb.[12] Roman Frydman von der New York University drückt es noch drastischer aus: »Theorien ignorieren die Wirklichkeit.«[13] Wirtschaftswissenschaftler lieben ihre radikal vereinfachte Weltsicht. Verständlich. Denn aus A folgt darin automatisch B, Nachdenken wird überflüssig. Ansätze jenseits naturwissenschaftlicher Mathematisierung und fundamentalen Marktglaubens hatten es dagegen immer schwer – oder boten nicht wirklich etwas Neues.

In den achtziger Jahren kam mit der Verhaltensökonomie eine scheinbar alternative Forschungsrichtung auf. Vor allem ausgebildete Psychologen, allen voran der israelisch-amerikanische Wirtschaftsnobelpreisträger Daniel Kahneman und sein früh verstorbener Kompagnon Amos Tversky, beeinflussten diese neue Wissenschaftssparte maßgeblich. In zahlreichen Experimenten konnten Verhaltensökonomen zeigen, dass echte Menschen recht wenig mit dem Homo oeconomicus gemein haben. Die Vertreter der sogenannten »Behavioral Economics« kritisierten die Realitätsferne der klassischen Lehre. Doch bei näherem Hinsehen hat die neue Denkrichtung nicht für revolutionäre Veränderungen gesorgt. Denn auch Verhaltensökonomen pressen menschliches Verhalten in Modelle. Sie versuchen, die reine Mathematik um Faktoren wie Verlustangst, Gier oder fehlende Entscheidungsfreudigkeit zu ergänzen. Die meisten ihrer wichtigsten Annahmen gleichen jedoch denen der traditionellen Theorie. Auch Kahneman und seine Kollegen nehmen an, dass der Mensch ein vorhersehbares Wesen ist, das zwar nicht unbedingt nach den Maximen des Homo oeconomicus handelt, aber ebenfalls bestimmten – berechenbaren – Verhaltensmustern folgt. Sie änderten die Begrifflichkeiten, sie variierten die Gleichungen, fundamental infrage stellten sie wenig.[14]

Manager als Mathematiker

Noch früher als die Volkswirte verfolgten die Kollegen der betriebswirtschaftlichen Fakultäten die perfide Absicht, aus ihrem Fach eine vollkommene Naturwissenschaft zu machen. Als einer der ersten BWL-er im modernen Sinn gilt der Amerikaner Frederick Taylor. Er behauptete schon Anfang des 20. Jahrhunderts: »Das beste Management ist wahre Wissenschaft, basierend auf klar definierten Gesetzen, Regeln und Prinzipien.«[15] 1911 veröffentlichte er sein folgenschweres Werk *Die Grundsätze wissenschaftlicher Betriebsführung.*[16] Die Moderne hatte Einzug in die Unternehmen gehalten.

Drei Jahre zuvor, 1908, war in Boston die Harvard Business School gegründet worden. Ihr Ziel: die Ausbildung einer neuen Klasse von Managern. Professoren und Studenten, so schreibt der Management-Autor Walter Kiechel, selbst Harvard-Absolvent und ehemaliger Chefredakteur des *Fortune Magazine,* »sahen auf gewöhnliche Arbeiter als niedere Geschöpfe herab, die es für einen höheren Zweck zu manipulieren galt. Für das Verladen von Roheisen, so formulierte es Taylor einmal, brauche es Männer ›so dumm und so phlegmatisch, dass sie von ihrer geistigen Ausstattung her eher einem Ochsen ähneln‹.«[17]

Nach dem Zweiten Weltkrieg wehte zwischenzeitlich ein aufgeklärterer Wind. In den Business Schools schienen die Humanisten auf dem Vormarsch. Wissenschaftler wie Peter Drucker kämpften für eine menschlichere Betriebswirtschaftslehre. Die Worte »Chef« und »Arbeiter« wurden durch »Manager« und »Beschäftigte« abgelöst. Es setzte sich die Überzeugung durch, dass nur motivierte und respektierte Mitarbeiter wirklich produktiv sind. Für Leute wie Drucker waren Organisationen lediglich ein Mittel, um die Kräfte des Einzelnen zu vervielfältigen. In seinen Werken beschrieb er Betriebe als gesellschaftliche Institutionen und soziale Netzwerke. Der BWL-Vordenker erkannte: »Das Konzept der Profit-Maximierung ist tatsächlich unsinnig.«[18] Der Zweck einer Firma ist gesellschaftlicher Natur. In Druckers Welt haben Unternehmen nur eine Mission: den Kunden glücklich zu machen. Natürlich müssen sie dabei auch Geld verdienen. Doch Renditen sind nur Gradmesser des Erfolgs, nicht Ziel an sich.

Dann aber feierten die Unternehmensberatungen ihren Durchbruch. Die Auftrags-Strategen sahen in Kosten, Kunden und Konkurrenten nur noch Zahlen, die es zu optimieren galt. Boston Consulting, McKinsey und Bain begründeten Taylor-Management 2.0. Sie überzeugten ihre Auftraggeber, so Kiechel, »nicht nur die Arbeit eines armen Tropfes mit gezücktem Stift und Stoppuhr zu überwachen, sondern jeden Aspekt des Betriebs eines Unternehmens«.[19] Gleichzeitig erlebte die Business-School-Ausbildung einen gigantischen Aufschwung. Praxis und Lehre inspirierten und beflügelten sich gegenseitig. 1970 wurden in den USA lediglich 26 000 Master of Business Administration (MBA) verliehen. 1985 waren es schon fast dreimal so viele, und heute sind es weltweit rund eine halbe Million Absolventen, die jedes Jahr das angesehene Management-Diplom erhalten.[20] Immer mehr zukünftigen Führungskräften wurden so die Prinzipien des vernünftigen Egoismus eingetrichtert.

Die goldene Ära der BWL brach in den achtziger Jahren an. Sie wurde eingeläutet durch den bis heute verehrten Harvard-Professor Michael Eugene Porter. Das Magazin *Forbes* nannte ihn 2012 »den Aristoteles der betrieblichen Metaphysik«[21]. Kaum ein Ökonom hat das Denken der Manager so beeinflusst wie Porter. Sein 1980 erschienenes Opus magnum, *Wettbewerbsstrategie,* darf in der Bibliothek keines ausgemachten Konzern-Strategen fehlen. Der Autor beschreibt sein Werk selbst als »umfassenden Rahmen für analytische Methoden, die dem Unternehmen helfen sollen, seine Branche als Ganzes zu analysieren und ihre zukünftige Entwicklung vorherzusagen, seine Konkurrenten und seine eigene Position zu verstehen und schließlich die Analyse in eine Wettbewerbsstrategie für den betreffenden Markt umzusetzen«.[22]

Mit seinem Ansatz brachte Porter die Gemeinschaft der BWL-er zum Frohlocken. Professorenkollegen bot seine Theorie ein neues Fundament für seriöse Forschung.[23] Auch die Studenten waren entzückt. Denn Management war von nun an nichts weiter als eine Technik, die sich auf der Schulbank erlernen und schon in jungen Jahren in Unternehmensberatungen und Stabsstellen anwenden ließ. Und so wundert es nicht, dass Porters Modelle heute weltweit gültiger Pflichtstoff in jeder BWL-Fakultät sind. Absolventen beherrschen sie im Schlaf. In den Köpfen der Manager sind sie tief verankert.

Führung wird seit Porter mit Entscheiden und Entscheiden vor allem mit Berechnen gleichgesetzt. Management durch Analyse könnte man diese scheinrationale Methode auch nennen. Sie hat Führungskräfte zu Chef-Analysten degradiert. Der Zahlenmensch setzte sich in Unternehmen und Universitäten endgültig durch. »Finanzprofessoren gewannen an Ansehen, Lehrkräfte für weichere Themen wie menschliches Verhalten oder Organisationsdynamik wurden an den Rand gedrängt.«[24] Wieder einmal zeigte sich: Universitäre Bildung ist immer auch ein Spiegel des wissenschaftlichen Zeitgeistes. Vor etwa 20 Jahren hat sich die Management-Lehre fundamental gewandelt. Business-School-Studenten sind seitdem vor allem eines: die Zahlendreher der Zukunft.

Ein Fach in der Depression

2008 wurde die Selbstsicherheit der Ökonomen erschüttert, ihr Weltbild auf den Kopf gestellt. Die Kapitalmärkte standen plötzlich am Rande des Abgrunds. Investmentbanken kollabierten und rissen die globale Wirtschaft in die Rezession. Nur Milliarden von Steuergeldern konnten das Kartenhaus der Hochfinanz vor dem Einsturz bewahren. Kaum ein Experte hatte das kommen sehen. Die mathematischen Prognosemodelle versagten komplett. Blind vor Zuversicht glaubte die Gemeinde der Wirtschaftswissenschaftler zu lange an die Stabilität der Märkte. Und auch die Verhaltensökonomen sahen nichts anderes voraus.

Die kopflose Anwendung der Modelle hatte zur Katastrophe geführt. Wissenschaftler waren nicht nur Beobachter, sondern Mittäter. Die großen Theoretiker beteiligten sich kräftig bei der Entwicklung gefährlicher Finanzprodukte. Viele berieten persönlich Banken und Investoren, saßen in Aufsichts- und Beiräten.[25] Ihre Propaganda hatte zu falschen ökonomischen Folgerungen geführt. Das Weltbild der Volkswirte prägte ganz konkret das Denken der ökonomisch und politisch Mächtigen. Und so wurden Märkte liberalisiert und die Finanzbranche dereguliert. Der Nobelpreisträger Joseph Stiglitz erkennt den Irrglauben seines Fachs: »Vielleicht ist die unsichtbare Hand auf vielen Märkten deshalb unsichtbar, weil sie gar nicht da ist.«[26] Manche seiner Kollegen gehen sogar noch weiter: »Der Großteil der Makroökonomie der vergangenen 30 Jahre war im besten Fall spektakulär nutzlos und im schlimmsten Fall schädlich«, konstatiert ein geläuterter Paul Krugman.[27]

Es mehren sich die Stimmen, die ein radikales Umdenken fordern. Immer mehr Wissenschaftlern wird zum Glück klar: »Ökonomik kann nie Naturwissenschaft sein.«[28] Zunehmend macht sich die überfällige Erkenntnis breit: Märkte sind irrational, genau wie die einzelnen Marktteilnehmer. Die Wirtschaft ist kein naturgegebenes, sondern ein von Menschen geschaffenes System. Sie ist lebendig und chaotisch.

Unter den deutschen Volkswirten ist ein heftiger Methodenstreit ausgebrochen. Den Verteidigern einer mathematisch exakten Wissenschaft steht eine vielversprechende Reformbewegung gegenüber, die sich für eine Renaissance der wirtschaftspolitischen Forschung und eine größere Vielfalt in Theorie und Lehre einsetzt. Im Mai 2009 veröffentlichten 83 Ökonomen in der *Frankfurter Allgemeinen Zeitung* einen Aufruf unter dem Titel: »Rettet die Wirtschaftspolitik an den Universitäten!« Heftig verurteilten sie den Einsatz von mathematischen Modellen als Selbstzweck, denn so vernachlässige »das Fach Volkswirtschaftslehre zunehmend den Beitrag, den es zur Lösung praktischer wirtschaftspolitischer Probleme leisten könnte – und sollte!«[29] Im September 2012 setzten sich Professoren und Studenten des Netzwerks Plurale Ökonomik in einem offenen Brief an den Verein für Socialpolitik (die offizielle Vereinigung deutscher Ökonomen) für eine Neugestaltung von Forschung und Studium ein. Darin heißt es: »Die Einseitigkeit ökonomischen Denkens trägt auch zur anhaltenden Wirtschaftskrise und der damit einhergehenden Perspektivlosigkeit bei.«[30] Die

Autoren wollen dem Dogmatismus ein Ende setzen. Ihre drei gerechtfertigten Grundforderungen lauten: »Theorienvielfalt statt geistiger Monokultur«, »Methodenvielfalt statt angewandter Mathematik« und »Selbstreflexion statt unhinterfragter, normativer Annahmen«. Besser kann man es nicht formulieren.

Im Zuge der Reform könnte sich die ökonomische Forschung tatsächlich als Sozialwissenschaft wiederentdecken. Allmählich rückt der Mensch wieder in den Fokus der Forscher. Größen wie Daniel Kahneman und Joseph Stiglitz machen sich mittlerweile mehr Gedanken über das Glück der Menschen – also über den Nutzen der Wirtschaft – als über mathematische Marktmodelle. Sie veröffentlichen Werke über Intuition, Vernunft und gesellschaftliche Ungleichheit.[31] Manche Wissenschaftler, die früher begeistert die kompliziertesten mathematischen Traumwelten erschufen, entdecken die Philosophie für sich. Und es besteht zumindest die reale Chance, dass irgendwann auch das Fach Wirtschaftspolitik wieder an Bedeutung gewinnen wird.

Fortschritt durch Beerdigungen

Bei aller berechtigten Hoffnung: Der akademische Wandel wird sehr lange brauchen. Der Vorsitzende des Vereins für Socialpolitik, Michael Burda von der Humboldt-Universität, reagierte mehr als zurückhaltend auf die Forderungen des Netzwerks Plurale Ökonomik. In einem Interview mit der Zeitung *taz* verteidigt er die alte Methodik der Volkswirte:

»Ich habe nichts gegen eine bessere empirische und historische Anwendung der VWL, warne allerdings davor, die Mathematik in Abrede zu stellen. Wenn ich untersuchen will, wann ein Euroland pleitegehen könnte, kann ich das nicht nur mit Geplauder lösen.«[32]

Noch immer ist es nur ein überschaubarer Teil der weltweiten Professorenschaft, der echte und grundlegende Veränderungen einfordert. Zu Wort melden sich vor allem die Stars der Branche, von denen die meisten einen Nobelpreis haben und die es sich leisten können, kritische Gedanken zu äußern. Wer heute als junger Volkswirt Karriere machen will, der muss Theorie immer noch mit Mathematik gleichsetzen, sonst manövriert er sich ins Aus. Und auch in der Betriebswirtschaftslehre empfehlen sich für universitäre Berufseinsteiger vor allem die »harten« Themen und Methoden.

Als ich mich Anfang des Jahres mit dem Vizepräsidenten einer großen deutschen Uni traf, um die Möglichkeit einer akademischen Laufbahn zu besprechen, bekam ich den gut gemeinten Rat: »Schreiben Sie eine Habilitation in einem Mainstream-Thema. Und hören Sie auf, populäre oder feuilletonistische Texte zu schreiben. Das untergräbt Ihren Ruf als Wissenschaftler. Solange Sie noch nicht Professor sind, sollten Sie lieber untertauchen und dafür sorgen, dass Ihre Arbeiten in den richtigen Journalen landen.«

Querdenker werden es so in der Wissenschaft vermutlich schwer haben. Denn es sind immer noch die gleichen Köpfe, die dort auch nach der großen Krise schalten und walten. Sie sind in einem System gefangen, das sie als Einzelne kaum ändern können, selbst wenn sie es wollten. »Wissenschaftlicher Fortschritt vollzieht sich vor allem durch Beerdigungen«, erkennt deshalb Paul Krugman ganz richtig. »Erst wenn die alte Generation abtritt, ist der Weg für neue Erkenntnisse frei.«[33]

Während in der Forschung zumindest intensiv diskutiert wird, hat sich in der Lehre seit 2008 gar nichts verändert. Die Seminarpläne in BWL und VWL sind nach wie vor ein Relikt aus jener dogmatischen Epoche. Studenten reflektieren auch weiterhin nur sehr wenig über die Schwächen und Stärken der bestehenden Theorien. Geistiger Pluralismus ist nicht gewünscht. Dem Nachwuchs wird der Glaube an Mathematik und Rationalität eingebläut, als handelte es sich um die reine, unveränderbare Wahrheit. Der irre Versuch, aus der ökonomischen Forschung eine Naturwissenschaft zu machen, hat sich tief in die Kursinhalte gebrannt. Viel Zeit wird deshalb noch vergehen, bis sich in den Hörsälen der Volks- und Betriebswirte tatsächlich etwas ändern wird. Bis dahin züchtet die Elite ihren Nachwuchs wie eh und je.

Am Ende ihres Studiums scharren die teuer ausgebildeten High Potentials mit den Hufen. Sie wollen das Gelernte endlich anwenden. Doch wissen sie, was sie erwartet? Ich tat es nicht. Als BWL-Student kritisierte ich die stupide Engstirnigkeit meiner Hochschule und ihrer Lehrpläne. Als VWL-er schüttelte ich den Kopf über die absurde Mathematisierung meines Fachs.

Doch erst im Job sollte mir klar werden, was es heißt, Teil einer *kaputten* Elite zu sein.

Head down and deliver

Nachwuchs wird gefügig gemacht

Head down and deliver [hed daʊn ænd dɪˈlɪvɘʳ] = Beraterdeutsch für »stillhalten und Arbeit abliefern«. Aufforderung an Neueinsteiger, übertragene Aufgaben zu erledigen, anstatt Beschwerden zu äußern.

Ein kleiner Ort am Atlantik. Die Sanddünen waren festgefroren und überzuckert von frischem Schnee. Ebbe. Nur kleine Rinnsale durchzogen den grauen Schlick, wo sich bei Flut und Wind die Wogen brachen. In der kurzen Mittagspause ging ich hinunter ans Meer. Ein hölzerner Steg führte zu einer kleinen Aussichtsplattform. Am Himmel kreischten Möwen. Ich atmete klare, salzige Luft. Seltene Momente der Ruhe, denn das Bootcamp, das Einstiegs-Training meines neuen Arbeitgebers, forderte meinen Kollegen und mir physisch und psychisch alles ab.

Nach kaum zwei Wochen auf meinem ersten Projekt wurde ich in eine Art Management-Überlebenscamp geschickt. In einer gemieteten Ferienanlage wurden die Neueinsteiger auf den Korpsgeist der Firma eingeschworen. Zusammen mit anderen Nachwuchsberatern verbrachte ich zwei Wochen lang 17 Stunden am Tag mit Fallstudien, Gruppenarbeiten, Vorträgen und gemeinschaftlichen Aktivitäten zur Stärkung des Wir-Gefühls.

Das Training war Gehirnwäsche und BWL-Schnellstudium in einem. Eingeteilt in einzelne Gruppen, wurden wir jeweils einem Trainer zugewiesen (meist selbst ein erfahrener Projektleiter). Meine sechs Kollegen stammten aus China, Singapur, Großbritannien, den USA und der Ukraine. Tagsüber wiederholten wir ausgewählte Konzepte der Betriebswirtschaftslehre, nachts wurde das neu Erlernte in Fallstudien angewandt. Bis zur Erschöpfung. Die einzelnen Module beinhalteten Themen wie Kostenanalyse, Profitabilitäts-Management oder Firmenbewertungen. Jeweils nach dem Abendessen wurde uns ein praktischer Business Case gestellt, der bearbeitet werden sollte, während die meisten Betreuer schliefen oder sich womöglich betranken. Jeden Morgen um Punkt acht mussten wir unsere fertigen Ergebnisse präsentieren. Wer zu spät kam, durfte am nächsten Tag noch früher raus und beim Nachsitzen Besserung geloben.

Kurze Unterbrechungen boten nur die sozialen Aktivitäten. Das Training vereinte Elemente von Robinson Club und US-Marines-Ausbildungslager. Vom Tanzwettbewerb über Schnitzeljagden bis hin zum kollektiven Bad im eisigen Ozean wurde alles unternommen, um die emotionale Firmen-Zugehörigkeit zu stärken. Gute Laune war Programm. Am Morgen des ersten Tages, zum sogenannten Kick-off, versammelten wir uns im großen Ballsaal. Dann ging das Licht aus, und die ersten Takte von Martin Solveigs *Hello* ertönten in Disko-Lautstärke. Die Eröffnungsfeier begann. Mit kleinen Heimatfahnen in der Hand liefen die Ausbilder ein. Die Menge jubelte. Party um acht Uhr morgens. Die Trainer waren Lehrer, Schleifer und Animateure zugleich. Als Höhepunkt des Programms wurde ein altgedienter Partner eingeflogen, um uns in einem abendlichen Vortrag Anekdoten von den großen Momenten in der glorreichen Geschichte der Firma zu erzählen. Wir Anfänger lauschten voller Ehrfurcht. Es war die feierliche Aufnahme in eine eingeschworene Familie.

Die meisten Trainingsteilnehmer entwickelten einen enormen Ehrgeiz in allen Disziplinen. Zwar gab es für die Bearbeitung der Fallstudien weder eine offizielle Benotung, noch waren die Leistungen in irgendeiner Weise relevant für Beförderungen oder Bonuszahlungen. Doch junge Berater lieben den Wettkampf – egal, um was es geht. Und so wurden noch nachts um drei die Diagramme bis zur Perfektion formatiert und eine PowerPoint-Folie nach der anderen produziert. Und selbst bei Tanzwettbewerben und Schnitzeljagden ging es darum, Punkte zu sammeln, schneller, mutiger oder lauter zu sein als die anderen.

»Dieses Training ist nicht für jedermann«, gab die Camp-Vorsteherin offen zu. Damit hatte sie recht. Ziel der Veranstaltung war und ist es, die jungen und meist frisch von der Uni kommenden Beratungsrekruten abzuhärten. Trotz Schlafmangel wurde Müdigkeit nicht geduldet. Nachdem mir während einer nachmittäglichen Session die Augen zugefallen waren, wurde ich zur Trainings-Leitung geschickt, um mich zu erklären. Dort erhielt ich eine klare Message: Da draußen kann es noch viel schlimmer werden. Also reiß dich zusammen!

Freie Tage gab es weder vor noch nach dem Einsteigerseminar. Hat man das Training überstanden, geht es im Projektalltag erst richtig los. Als ich nach zwei Wochen mit nicht mehr als durchschnittlich viereinhalb Stunden Schlaf an einem Montagmorgen wieder in München landete, hatte ich ein knappes Dutzend frische Mails meines Projektleiters auf dem Blackberry. Es waren keine »Schön, dass du wieder da bist«-Nachrichten. In wenigen Stunden startete in Stuttgart ein wichtiges Meeting. Willkommen im Hamsterrad.

Ein verlockendes Angebot

Der Einstieg ins Management verläuft völlig anders als erträumt. Schier unendlich schienen mir an der Uni die Möglichkeiten, die auf mich warteten. Als Student war ich ein heiß umworbener Kandidat der Personalabteilungen. »Building Global Leaders« oder »Denken ist Handeln« lauten die Slogans, mit denen die Firmen um Nachwuchs buhlen. Bei uns werden Sie zur visionären Führungspersönlichkeit ausgebildet, ist die Botschaft fast überall. »Erobern Sie die Welt«, schreibt Booz & Company, »mit guten Argumenten, Integrität und Persönlichkeit.« Wer will da nicht gleich loslegen?

Viel wird unternommen, um die potentiellen Neueinsteiger zu umgarnen: Das Beratungshaus A.T. Kearney lud meine Kommilitonen und mich zum herbstlichen Enten-Essen in eine Münchner Nobelgaststätte. Boston Consulting veranstaltete einen mittelalterlichen Festschmaus auf einer

Ritterburg nahe Koblenz. Die Investmentbank J.P. Morgan lockte mit einer Woche Banking-Schnupperkurs in Frankfurt und London.

In den Metropolen Europas werden aufwendige Recruiting-Workshops abgehalten. Letztes Jahr bat Booz & Company zur »Strategiekonferenz 2012« nach Stockholm, McKinsey & Company zum »Eintauchen 2012« nach Lissabon, Bain & Company zum Seminar »Retail-Strategie für Emerging Markets« nach Istanbul. Mitgenommen werden nur die aussichtsreichsten Kandidaten. In Luxushotels und schicken Büros lernen die Teilnehmer beim Lösen strategischer Gruppenaufgaben die Welt der Consultants kennen. Doch vor allem soll der Spaß nicht zu kurz kommen. Abends, nach getaner Arbeit, geht es in die feinsten Restaurants und die edelsten Clubs der Stadt. Drinks for free – wer hart arbeitet, darf auch feiern. Immer dabei: erfahrene, sympathische Berater, die für sich und ihre Firma kräftig die Werbetrommel rühren. Leicht könnte man den Eindruck gewinnen, tatsächlich wertvolles »Humankapital« zu sein.

Besonders begehrt scheinen kreative Köpfe und Querdenker zu sein. In der Strategieberatung finden sich die verschiedensten Lebensläufe. Von der »Kraft unterschiedlicher Perspektiven« ist auf den Websites der Unternehmen zu lesen.[1] Und die Personalabteilungen locken mit noch viel mehr guten Argumenten: abwechslungsreiche Projekte, internationale Einsätze, junge und motivierte Kollegen, eine steile Lernkurve, ständiges Coaching und natürlich ein kaum zu überbietendes Gehalt. Gerade die, die sich noch nicht auf ein klares Berufsziel festlegen wollen, scheinen bei McKinsey und Konsorten gut aufgehoben. Klar, auch ich hatte davon gehört, wie hart in den Unternehmensberatungen gearbeitet würde, wie belastend das viele Reisen und der ständige Druck durch Kunden und Partner seien. Doch jeder interessante Beruf ist auch fordernd. Wer etwas erreichen will – egal wo –, muss Leistung bringen. Ich war das ideale Opfer für die Marketing-Spezialisten der Rekrutierungs-Abteilungen.

Als ich nach zwei Jahren wissenschaftlichen Arbeitens meine Doktorarbeit abgegeben hatte und an einem Montagmorgen in aller Frühe zum Münchner Flughafen musste, konnte ich sie sehen, die dynamischen Gestalter mit ihren Rollkoffern und Laptoptaschen auf dem Weg in den Einsatz. Auf dem roten Teppich vor dem Lufthansa-First-Class-Schalter standen die smarten Jungs, die kaum älter waren als ich. Sie brachen wieder auf, um in internationalen Konzernen große Räder zu drehen. Da stand mein Entschluss fest: Ich wollte einer von ihnen werden.

In die Falle getappt

Sorgfältig hatte ich mich mit Büchern und Trockenübungen auf die Bewerbungsprozesse vorbereitet. Das Auswahlverfahren der Unternehmensberatungen ist kompliziert. Kandidaten müssen unter Zeitdruck Mini-Fallstudien lösen und in Kopfrechen- und Denksportübungen (sogenannten Brain Teasern) mathematische Intelligenz und eine schnelle Auffassungsgabe beweisen.* Nach zwei Versuchen bei kleineren Firmen hatte ich nur Absagen kassiert. »Nicht strukturiert genug«, lautete in beiden Fällen die Begründung. Doch die ersten Gespräche bei einem der großen Branchennamen verliefen anders.

»Willkommen an Bord«, sagte der Partner am Ende des letzten Interviews und legte einen Arbeitsvertrag vor mir auf den Tisch. Zwei Tage lang hatte ich die unterschiedlichsten Aufgabentypen lösen müssen: Wie würden Sie die Restrukturierung einer defizitären Bahngesellschaft planen? Wie viele Varianten der 3er-Reihe sollte BMW auf den Markt bringen? Was unterscheidet die Bilanz eines Rohstoffkonzerns von der eines Handelsunternehmens? Die mündliche Abiturprüfung ist ein Klacks dagegen. Doch schließlich wurde ich nur noch gefragt: »Welche Angebote haben Sie sonst noch?« und »Was können wir machen, damit Ihnen die Entscheidung für uns leichter fällt?«. Ich war am Ziel.

Einige Monate später begann mein neues Leben. Am ersten Arbeitstag wurde ich mit Blackberry und Laptop ausge-

---

* Eine der bekanntesten Aufgaben dieser Art: »Vor Ihnen liegen neun Kugeln und eine Apothekerwaage. Eine der Kugeln ist schwerer als die anderen acht. Wie identifizieren Sie mit nur zweimaligem Wiegen die schwere Kugel?« Lösung: Sie nehmen willkürlich zweimal je drei Kugeln und wiegen sie (drei Kugeln auf jeder Seite der Apothekerwaage). Nun gibt es zwei Möglichkeiten: Ist ein Trio schwerer als das andere, beinhaltet es in jedem Fall auch die eine schwerere Kugel. Sind die beiden Trios gleich schwer, muss sich die schwerere Kugel in jenem Trio befinden, das nicht gewogen worden ist. Sie wissen nun also, unter welchen drei Kugeln sich die schwerere befindet. Jetzt nehmen Sie wiederum willkürlich zwei dieser drei Kugeln, um sie zu messen (eine Kugel auf jeder Seite der Apothekerwaage). Wieder gibt es zwei Möglichkeiten: Wenn eine der beiden Kugeln schwerer ist, haben Sie den Übeltäter. Wenn die beiden Kugeln gleich schwer sind, ist die entscheidende Kugel die dritte (nicht gewogene). Voilà.

rüstet, die Standardwaffen der Profit-Agenten. In der Einführungswoche stellten sich die verschiedenen Abteilungen meines neuen Arbeitgebers vor. Es gab jede Menge Kanapees und dazu Antworten auf die wichtigsten Fragen des Berateralltags. Dann war Schluss mit lustig. In der zweiten Woche reiste ich zu meinem ersten Projekt. Es ging an die Front.

Was danach folgte, war alles andere als eine aufregende Ausbildung zum kreativen Gestalter. Mich erwartete nicht die »integrierende und hierarchiefreie Arbeitsatmosphäre«, mit der die einschlägigen Firmen gerne für sich werben.[2] Meine Arbeit hatte auch nichts von »einmischen, mitmischen, verändern«.[3] Im Gegenteil. Einmal erfolgreich rekrutiert, ist Köpfchen nicht mehr gefragt. Junge Berater müssen Excel und PowerPoint beherrschen, sonst nichts. »Building Global Leaders« und »Denken ist Handeln« – der echte Projektalltag sieht anders aus.

»Lehrjahre sind keine Herrenjahre«, lautet ein treffendes Sprichwort. Doch die ersten Monate in der Unternehmensberatung sind nicht nur fremdbestimmt, sondern vor allem entfremdend. Tag und Nacht hat man dem Projektleiter zur Verfügung zu stehen. In einer steilen Hackordnung werden ungeliebte Aufgaben nach unten delegiert. Die Todos, die am Ende der betrieblichen Nahrungskette übrig bleiben, wären auch ohne Studium zu bewältigen. »Hübsch das doch mal auf!«, »Stell das mal auf diese Art und Weise dar!« oder »Gleich das mal optisch an!«. So lauten die üblichen Aufträge. In ungezählten Nachtschichten machte ich nichts anderes, als PowerPoint-Schaubilder zu formatieren.

Wie trainierte Affen saßen wir vor unseren aufklappbaren Rechnern und versuchten die Flut immer neuer Anweisungen zu bewältigen. Eine Deadline jagte die nächste. Wenn es ganz schlimm kam, reichte die Zeit nicht aus, um auf die Toilette zu gehen. Das Tippen der Tasten war nicht selten die einzige körperliche Betätigung über Stunden.

In meinem ersten Projektteam war ich eingeteilt für das sogenannte Program Office. Bei der Umsetzung größerer Unternehmens-Transformationen sorgt es dafür, dass die betroffenen Abteilungen der beratenen Firmen rechtzeitig Resultate liefern. Die Leute im Program Office schauen auf die Zahlen und klopfen den Verantwortlichen gegebenenfalls auf die Finger. Das könnte spannend sein – ist es aber nicht. Mein Projektleiter war ein promovierter Naturwissenschaftler, der pro Tag gefühlte zwei Liter Kaffee trank. Er übertrug mir die Aufgabe, sogenannte Templates, also Blanko-Formatvorlagen, für Management-Unterlagen zu entwerfen. Knapp zwei Monate später war ich der Herr der Vorlagen. Ein Bürokrat. Es war eine komplett inhaltsfreie Arbeit. In stundenlangen Meetings mit dem Kunden diskutierten wir unter anderem ausführlich über die Frage, ob pro »Template« ein, zwei oder drei Folien ausreichend seien. Wir formatierten hin und her, hatten von jedem Dokument mindestens drei Versionen und machten es am Ende doch wieder anders. Der Kunde zahlte viel Geld für ein Beraterteam, dessen jüngstes Mitglied wenig anderes zu tun hatte, als den Papierkrieg zu maximieren. Komisch fand das niemand. Als Wissenschaftler, erklärte mir mein Projektleiter, würde er meine Zweifel verstehen. Aber dies sei eben die

Business-Welt. Und die sei anders. Das würde ich nicht ändern können. Jeder müsse für sich entscheiden, ob er Lust darauf habe.

Machen, nicht denken

Inhaltliche Arbeit ist bei großen Mandaten den Partnern, bei kleinen den Projektleitern vorbehalten. Allen Hierarchiestufen darunter kommen fast nur ausführende Aufgaben zu. Der Partner »leveraged« sich mit Hilfe seines Teams. Soll heißen: Seine Ideen lassen sich erst mit einer ganzen Mannschaft im Hintergrund optimal umsetzen. Während der ersten Jahre ist man Zuarbeiter. Die »Vice Presidents«, wie die oberste Ebene heißt, verkaufen Projekte mit konkreten Zielvorstellungen. Wenn der Auftrag erteilt wird, steht das Ergebnis der Analyse meines Erachtens nicht selten schon längst fest. Was folgt, sind meist nur noch Fleißaufgaben. In penibler Kleinarbeit und mit Hilfe gigantischer Excel-Tabellen müssen die von den Chefberatern vorweggenommenen Empfehlungen bestätigt werden. »Hypothesengetriebenes Arbeiten« nannten Kollegen beschönigend diesen Arbeitsstil.

Eigene Gedanken und Einfälle waren effektiv nur dann gewünscht, wenn sie der Unterfütterung bestehender Thesen dienten. So verkam meine tägliche Arbeit zur Farce. »Der Wurm soll dem Fisch schmecken und nicht dem Angler«, sagte mir der Leiter meines zweiten Projekts, als ich Vorschläge zur Gestaltung einer Analyse machte. Mein

Job bestand lediglich darin, Strategien aus der Schublade hübsch zu verpacken in kompliziert und maßgeschneidert anmutenden Management-Unterlagen. Hundert Folien für ein einstündiges Treffen waren keine Seltenheit. Wir bombardierten unsere Klienten mit immer weiteren – ich meine nutzlosen – Analysen. Am Ende erzählten wir dem Kunden, was er hören wollte – oder was ihn dazu bringen sollte, noch mehr Beratungsprojekte einzukaufen.

Abwechslung boten gelegentliche Unterstützungsaufgaben sonstiger Art. Einmal flog ich für zwei Nächte nach São Paulo, mehr oder weniger nur um bei einer Sitzung Protokoll zu führen. Ich landete am Sonntagmorgen, begab mich ins Büro und stellte sicher, dass alle für die Teilnehmer vorgesehenen Laptops einwandfrei funktionierten. Dann zählte ich die Farbstifte und befestigte einige Grafiken und Abbildungen an den Wänden. Am nächsten Tag schrieb ich eifrig mit und half dabei, dass der Nachschub an Häppchen und gekühlten Getränken nicht versiegte. Viel mehr nicht. Anschließend war meine Arbeit getan. Es war der persönliche Höhepunkt meiner Beraterkarriere.

Nach jedem Projekt, also ungefähr alle drei Monate schreiben die Vorgesetzten interne Arbeitszeugnisse. Die Ergebnisse werden zweimal im Jahr zusammengefasst. Dieses »Summary« ist dann entscheidend für Bonus und Beförderung. Was in der Firma als gerechtes System gilt (meine Chefs bezeichneten es als »meritokratisch«), ist meines Erachtens ein unflexibler Selektionsmechanismus. Individuelle Fähigkeiten zählen nicht. Stattdessen wird überprüft, wer in die starren Anforderungs-Schablonen des Unternehmens passt. Bei wem das nicht der Fall ist, der darf gehen. »Up or out«, aufsteigen oder gehen, heißt das bekannte Prinzip. Die Pyramide ist steil.

Die jungen Berater werden letztlich vor allem daran gemessen, ob sie ohne Murren abliefern, was von ihnen verlangt wird. Soziale Kompetenz ist natürlich theoretisch ein Bewertungskriterium, doch praktisch nicht wirklich gefragt. Vor allem Genauigkeit und Detailversessenheit sind entscheidend. Vorgesetzte sollen sich auf ihre menschlichen Taschenrechner verlassen können. Bloß keinen Fehler machen! Dieses Prinzip wurde uns von Tag eins an eingebläut. Wer nächtelang Zahlen drehen kann, ohne dabei den Überblick zu verlieren, wird belohnt. Wer damit Probleme hat, muss sich bald einen neuen Job suchen.

Nach einem halben Jahr machte sich bei mir eine ernüchternde Erkenntnis breit: Wissen über die Wirtschaft ist in der Wirtschaft selbst, oder zumindest in der Unternehmensberatung, kaum gefragt. Klar, dass sich der Job mit einem Abschluss in Physik oder Ethnologie genauso gut erledigen lässt wie mit einem in BWL. Wer nicht gerade Professor, Anlagestratege oder Finanzjournalist werden will, braucht sich kein Wirtschaftsstudium anzutun. Die Biografien meiner Mitstreiter lasen sich wie die Liste der angesehensten Universitäten. Doch akademische Bildung war kaum etwas wert. Die Branche betreibt eine unvorstellbare Verschwendung von Talent.

Willkommen im Hamsterrad

Wer sich trotz allem für einen Start in der Beratungsbranche entscheidet, dem blühen nicht nur stupide Tätigkeiten, sondern vor allem ein hartes Leben. Meine Arbeitswoche begann montags um vier Uhr in der Früh. Da klingelte der Wecker, und die Reise zum Kunden begann. Montagmittag fühlte sich bereits wie Freitagabend an. Jeden Tag um 18 Uhr war es Zeit für den sogenannten Battle Call: Eine mehr oder weniger kurze Sitzung, in der das Projektteam besprach, welche Aufgaben noch am selben Tag zu bewältigen seien. Eigentlich gedacht zur Kontrolle von Arbeitszeiten, bewirkte der Battle Call genau das Gegenteil. Meist wurden mir und meinen Kollegen noch so viele To-dos aufgebrummt, dass ein Feierabend vor 23 Uhr zur Ausnahme wurde. Ein Projektleiter sagte einmal zu einer Kollegin: »Es ist noch nicht einmal 0 Uhr. Wir verkaufen Beratertage, und die haben bei mir 24 Stunden!« Wenn ich am Montagabend das Licht ausschaltete, war ich meistens schon mehr als 20 Stunden auf den Beinen.

Tagsüber schufteten wir oft in Teamräumen, die von normalen Arbeitsbedingungen weit entfernt waren. Sechs Kollegen in einem Zimmer für maximal drei waren keine Seltenheit. Unsere beengten Verhältnisse waren Ausdruck einer gespielten Bescheidenheit, die meine Chefs bei jedem Kunden an den Tag legten. Wir akzeptierten alles. Abends ging die Arbeit im Hotel weiter. Der Room-Service war der Höhepunkt unserer tristen Tage. Es wurde erwartet, dass man – selbst wenn alle Arbeit erledigt war – bis mindestens

Mitternacht erreichbar war. Als ich einmal um halb zwölf mein Handy ausgeschaltet hatte, wurde mir von meinem Projektleiter am nächsten Morgen ein »Attitude Problem« vorgeworfen. Nur die sogenannten Office Fridays boten tatsächlich freie Abende.

Arbeiten bis zur Schmerzgrenze ist Teil des Konzepts. Eine Mitarbeiterin der Personalabteilung gab mir gegenüber ganz offen zu, dass es bei manchen Mandaten einfach nötig sei, Berater auch mal 18 Stunden am Tag einsetzen zu können. Ich frage mich: Was ist das bitte für ein Geschäftsmodell? Meine Kollegen erzählten die wildesten Geschichten über Projekte, bei denen die Dienstzeiten völlig außer Kontrolle geraten waren. Bei einem legendären Auftrag in der Finanzindustrie waren die engen Deadlines wohl nur noch mit Hilfe eines 24-Stunden-Betriebs und nächtlichen Schichtdiensten einzuhalten gewesen. Arbeitszeiten bis tief in die Nacht sind vollkommen üblich. Die Work-Life-Balance ist das am heißesten diskutierte Thema, wenn es auf einen neuen Case geht. Wer Glück hat, kommt mit knapp 70 Stunden in der Woche davon.

Ein derartiger Alltag geht nicht spurlos am menschlichen Körper vorbei. Partner sehen oft zehn Jahre älter aus, als sie tatsächlich sind. Immerhin machen ergraute Haare und Falten einen seriösen Eindruck. Der lässt sich teuer verkaufen.

Mehrere Faktoren befördern nach meiner Beobachtung die inhumanen Arbeitsbedingungen. Die Unternehmensberatung ist ein Dienstleistungsgewerbe. Sonderanfragen und Ad-hoc-Analysen über Nacht sind an der Tagesordnung. Doch die Extraschichten sind nicht nur einem stark ausgeprägtem Service-Gedanken geschuldet. Tatsächlich ist der Wettbewerb in der Beratungsbranche so groß, dass Partnern und Projektleitern gar nichts anderes übrig bleibt, als Kunden jeden Wunsch von den Lippen abzulesen. Bei jedem Mandat liegen mindestens vier andere Konkurrenten auf der Lauer, die das gleiche Produkt in ähnlicher Qualität und nicht selten zu einem günstigeren Preis liefern können.

Der Hauptunterschied zwischen Roland Berger, Bain, Boston Consulting, McKinsey und anderen großen Anbietern ist letztlich nur der Name. Wie kann es auch anders sein in einer Industrie, deren einziges Produkt PowerPoint-Folien sind? Vergeblich versuchen die verschiedenen Anbieter, Alleinstellungsmerkmale zu erfinden. Bain & Company beispielsweise beschreibt sich selbst als ergebnis- und umsetzungsorientiert. Die Boston Consulting Group stellt die große Kreativität und Intellektualität ihrer Berater in den Vordergrund. McKinsey behauptet, das größte Wissen in fast jeder Industrie zu haben. Vergebliche Liebesmüh. Erfahrene Kunden wissen sicherlich, dass es kaum Unterschiede gibt.

Die Angst vor dem Wettbewerb macht Berater zu Prostituierten der Management-Etagen. Mein zweites Projekt hatte meine Firma in einer Ausschreibung gewonnen. Dabei waren die bisherigen Haus- und Hofberater des Kunden leer ausgegangen. Im Stillen versuchten sie wohl die Vorstände und wichtigen Entscheider dennoch weiter zu beeinflussen. Sie boten ihre Dienste angeblich sogar kostenlos an. Das setzte uns unter Druck. Sobald der Klient in Meetings auch nur ein entferntes allgemeines Interesse an einem bestimmten Thema äußerte, versprachen meine Chefs eine komplette Analyse innerhalb der nächsten Stunden. Und wenn der Partner dem Projektleiter einen halben Tag gab, um eine Frage zu beantworten, leitete der die Anfrage an einen rangniedrigeren Berater weiter und forderte eine Bearbeitung in nur zwei Stunden. So potenzierte sich der Zeitdruck auf jeder Hierarchiestufe. Eines Tages kam einer unserer »Vice Presidents« in den Teamraum und verkündete nur halb im Scherz: Die anderen haben letztes Jahr mehrere Hundert Seiten Analysen produziert. Bei uns müssen es mindestens 1000 werden!

Heiß umworben und doch austauschbar

»Du bist ›beschäftigt‹, wenn du unter der Woche jeden Tag mindestens 16 Stunden arbeitest und noch mal mindestens 16 am Wochenende. Damit ist die reine Arbeitszeit gemeint – nicht Reisen, Gequatsche oder Essenspausen. Sollten dies nicht deine Bürozeiten sein, hast du noch Kapazität, mehr Aufgaben zu übernehmen.«

Diese Zeilen könnten von einem meiner Projektleiter stammen. Doch die fragwürdige Definition von »beschäftigt« entstammt einer internen E-Mail an das Personal der legendären Donaldson, Lufkin & Jenrette Investmentbank aus dem Jahr 1994. Unmissverständlich sollte den Angestellten klargemacht werden, dass weniger als 16 Stunden Arbeit pro Tag und Wochenende eine nicht akzeptable Form der Faulheit darstelle.[4]

Ein entfremdender Arbeitsstil herrscht nicht nur in Unternehmensberatungen. Die Knochentour der Nachwuchs-Analysten in den Wall-Street-Banken ist ebenso legendär wie die der frisch examinierten Anwälte in den großen Wirtschaftskanzleien. In den ersten Jahren nach dem Uniabschluss sind Berater, Banker und Anwälte nichts weiter als menschlicher Rohstoff, eine teure Ressource, die sich durch 80-Stunden-Wochen amortisieren muss. High Potentials sind heiß umworben und doch austauschbar wie Fässer Öl. Die Millionen, die die Partner oben verdienen, werden unten mit der Peitsche eingetrieben. Ganz wenige profitieren vom Schweiß ganz vieler. Dieses kapitalistische Grundprinzip wird Neulingen schnell klargemacht. Ich musste lernen: Die hohen Einstiegsgehälter, mit denen die Top-Firmen locken, sind in Wahrheit ein teuflisch niedriger Preis für den Verkauf der Seele.

Natürlich ist es legitim, von gut bezahlten Mitarbeitern hohen persönlichen Einsatz einzufordern. Doch wir müssen uns die Frage stellen, wie wir werdende Führungskräfte auswählen und formen wollen. Auf dem Weg nach oben werden heute in der Wirtschaft ganz bestimmte Eigenschaften gefordert. Es sind nicht unbedingt die richtigen. Die bestehende Aufstiegs-Logik selektiert Individuen, die für Chefposten oft nicht geeignet sind. Belohnt werden nicht die besten Exemplare ihrer Art. An der Spitze stehen Manager, die sich vor allem durch Anpassung auszeichnen mussten. Aus Young Professionals, denen lediglich die Rolle leidensfähiger Rechenmaschinen und PowerPoint-Grafiker zukommt, werden später höchstwahrscheinlich keine visionären und kritischen

Unternehmer mehr. Wer den Berufsanfängern jeden eigenen Gedanken in den ersten Jahren systematisch austreibt, der braucht sich über die Qualität der späteren CEOs nicht zu wundern.

Der Aufruf »Head down and deliver« beschreibt nicht einfach nur das Leiden einer kleinen Zahl gut ausgebildeter High Potentials. Er steht für eine gefährliche Geisteshaltung der kaputten Elite. Eine falsche berufliche Sozialisation schafft ängstliche Technokraten-Manager – eine nutzlose, aber immer häufiger verkommene Spezies. Mit ihrem Führungsstil schadet sie Unternehmen und der Wirtschaft als Ganzes. Beliebt ist sie nur bei einer Gruppe: den Unternehmensberatern. Denn die wittern gutes Geschäft. Eine wahre Symbiose.

Insecure Overachiever

Technokraten denken nicht unternehmerisch

Insecure Overachiever [ˌɪnsɪˈkjʊərˈ ˈəʊvərˈəˈtʃiːvərˈ] = Beraterdeutsch für »risikoscheuer und unsicherer Überflieger bzw. Ehrgeizling«.

Flughafen Stuttgart, Terminal 1. Das Wöllhaf-Konferenzcenter befindet sich auf Ebene 4, gleich neben dem Sternerestaurant Top Air. Draußen, hinter den großen Panoramascheiben, nahm das geschäftige Treiben auf dem Flugfeld seinen Lauf. Drinnen, im Sitzungssaal, wurde das Big Business diskutiert. Es war der offizielle Abschluss eines Projekts, das mit wechselnder Besetzung rund ein halbes Jahr gedauert hatte. Etwa 40 Mann sollten einen Überblick bekommen, wie es weiterging im Unternehmen. Die Stimmung war gut. Vermutlich auch deshalb, weil die lästigen Consultants nun endlich weg waren. »Management Workshop« nennen McKinsey und Konsorten solche internen Seminare. Der Flughafen bot dafür die ideale Kulisse: Abflug und Aufbruch in eine bessere Zukunft.

Die Veranstaltung dauerte den ganzen Tag. Eine PowerPoint-Folie nach der anderen wurde an die Wand geworfen. Mein Team hatte Dutzende von Management-Initiativen in fast allen Bereichen der Firma angestoßen. Jedes der Unter- und Unter-unter-Projekte bekam nun seinen eigenen Auftritt. Den Anfang und den Schluss machte jedoch der Vorstandsvorsitzende höchstpersönlich. Er lieferte das »Big Picture«, die Perspektive des großen Ganzen. Auf dem ersten und letzten Slide seines Vortrags war das Foto eines mächtigen, schneebedeckten Massives zu sehen. Steile Felswände und ein von Wolken umzogener Gipfel. Die implizite Nachricht war klar: Seht her, ein harter Aufstieg wartet auf uns, gefährlich und anstrengend, aber wir schaffen es!

Berg- und Bergsteiger-Analogien sind beliebt bei Managern. Selbstverständlich hatten wir dafür fertige Darstellungen in der Schublade. Reinhold Messner und Ko. sind wahre Helden in der Welt der Chefetagen.

Geschürte Ängste

Mit der Beauftragung der externen Management-Gurus wusch der CEO seine Hände in Unschuld. Auf der Brücke eines großen Dampfers kann man viel falsch machen. Da kommen die schlauen Folien und umfangreichen Excel-Berechnungen eines Beratungsteams gerade recht. Was, wenn es von nun an bergab ging? Was, wenn der Wettbewerb immer härter würde? Was, wenn die eigenen Marktanteile schwänden?

In den Chefetagen gibt es ein Allheilmittel gegen jede Form von Unsicherheit: Unternehmensberater. Ihre Markennamen auf den Deckblättern der Präsentationsmappen sind der Versicherungsschein für die weitere Karriere der Auftraggeber. Selbst wenn die empfohlenen Maßnahmen am Ende nur Unheil bewirken, hat niemand etwas zu befürchten. Schuld sind dann die Berater, und die sind längst über alle Berge. Es ist eine Win-win-Situation für alle Beteiligten. Aus der Sicht des CEOs hatte sich unser Projekt also wahrscheinlich schon gelohnt, bevor es überhaupt begann.

Mit Kalkül werden von der Consulting-Industrie diffuse Ängste geschürt. »Wir sind des Öfteren die Überbringer schlechter Nachrichten«, beschönigt Bernhard Kotanko, Partner beim Strategieberatungshaus Oliver Wyman, dieses Vorgehen.[1] Teams werden bisweilen sogar angehalten, beim Entwerfen der Folien die sogenannte Burning Platform darzustellen – das Schreckensszenario, das die Zukunft des Unternehmens in lodernden Flammen zeigt. Rette sich, wer kann! Auftraggeber sollen wohl verunsichert werden. Die Branche betreibt professionelle Schwarzmalerei. Kunden sollen die Notwendigkeit einer Veränderung erkennen, verinnerlichen und deshalb am besten jede Menge Projekte einkaufen. Mein Eindruck: Nur ein Klient, den nachts die Albträume quälen, ist auch ein guter Klient.

Jeden Monat publizieren die großen Beratungshäuser scheinbar wissenschaftliche Untersuchungen zu aktuellen Themen. Sie tragen reißerische Titel wie »Reduce and Retain: Adjusting Work Forces for the New Reality«[2] oder »Service Now! Time to wake up the sleeping giant«[3]. Darin schreiben die verschiedenen Strategie-Anbieter über aktuelle Probleme und konkrete Gefahren in diversen Branchen und Märkten. Die passenden Lösungsansätze aus dem Konzepte-Bauchladen der Berater werden gleich mitgeliefert. So ist dann beispielsweise im Bain-Report »Die Quánsù-

Strategie: China fordert Höchstgeschwindigkeit« zu lesen: »Der chinesische Markt entwickelt sich mit einer einmaligen Dynamik. Wenn deutsche und Schweizer Unternehmen den Anschluss nicht verlieren wollen, müssen sie noch einen Gang höher schalten und China zu ihrem zweiten Heimatmarkt machen. (…) Mit der Quánsù-Strategie etablieren Unternehmen einen eigenständigen Ansatz für den größten Markt der Welt. (…) Wie das gelingt, zeigt die vorliegende Studie.«[4]

McKinsey und Konsorten lösen Probleme, die ihre Kunden ohne sie nicht hätten. Glaubt man den Beratern, ist die Weltwirtschaft ein einziges Minenfeld: »Eine Krise jagt die nächste. Nie zuvor waren Unternehmen so unsicher wie heute angesichts dessen, was in der Welt geschieht, nie waren ihre Geschäfte so komplex, und niemals lagen die Analysten mit ihren Prognosen so oft so falsch wie heute.« So vermarkten die Roland Berger Management Consultants ihren Report mit dem Titel »Management in Zeiten zunehmender Volatilität«. Der Tipp der Autoren: »Es gibt durchaus Wege, sich auf Unvorhergesehenes vorzubereiten, auch in volatilen Zeiten.«[5] Gerne berät Sie Roland Berger dabei.

Wer die Veröffentlichungen der Branche liest, bekommt den Eindruck, sämtliche Firmen dieses Landes stünden mit dem Rücken zur Wand. Aus dieser lebensgefährlichen Situation können sie sich nur noch mit Hilfe schlauer Consultants befreien. Im Rahmen teuer bezahlter Projekte versprechen sie, Managern zu helfen, ihre Firmen fit zu machen für die Unwägbarkeiten der Zukunft. Das fatale Ergebnis sind jedoch in Wahrheit starre und »fragile« Organisationen – weder innovativ noch in der Lage, mit unvorhergesehenen Ereignissen umzugehen.[6]

Beraten heißt Rechtfertigen

»Beratung ist kein ausgelagertes Denken, denn Beratung denkt nicht. Beratung ist eine Sicherheitsdienstleistung, die mit Bedrohungsszenarien operiert und auf der induzierten Angst von Entscheidungsträgern fußt.«[7] Mit diesen Worten diagnostiziert Reinhard Sprenger, Management-Autor, treffend das Geschäftsmodell. Über die blitzgescheiten PowerPoint-Strategen wurden Fernsehreportagen gedreht, Bestseller geschrieben und etliche Kommentare verfasst. Ihr Bild in der Öffentlichkeit könnte schlechter nicht sein. In Sachen Beliebtheit rangiert die dynamische Rollkoffer-Fraktion gleichauf mit Versicherungsmaklern und dem städtischen Parküberwachungsdienst. Gerade unter Arbeitnehmern und Gewerkschaftlern ist man sich einig: Wenn die Teams der Unternehmensberater erst mal anrücken, sind Massenentlassungen und Rationalisierungen nicht fern. Doch auch wirtschaftsfreundliche Geister zweifeln häufig am Sinn der teuren Engagements. »Wenn man ein Unternehmen zerstören will, muss man nur versuchen, es mit externen Beratern in Ordnung zu bringen«, sagte einst VW-Aufsichtsratschef Ferdinand Piëch.[8] Und das Wirtschaftsmagazin *Brand Eins* bemerkt süffisant: »Nicht gezählt sind die Beratungsprojekte, bei denen ein Schulbus voller Hochbegabter vor dem Unternehmen vorfährt, die alle verfügbaren Zahlen dreimal hin und her wenden, sie in Excel-Tabellen klug verknüpfen, aus den bis auf die dritte Kommastelle genauen Ergebnissen bunte Folien malen und sich nach der Präsentation alle operativ Verantwortlichen fragen: Ja und? Was soll das jetzt alles eigentlich?«[9]

Bei allen richtigen und auch falschen Klischees über die Arbeit der Berater steht fest: Die wichtigste (implizite) Aufgabe meiner Kollegen und mir hieß Rechtfertigung. Jede Art des betrieblichen Wandels lässt sich für das Management leichter begründen und durchsetzen, wenn die Maßnahmen das Ergebnis einer externen (und damit scheinbar unvoreingenommenen) Studie sind. Kritiker Sprenger hat vollkommen recht: »Bei Aufträgen geht es selten bis nie um die ausgesprochene Funktion. Es geht so gut wie immer um implizite Anforderungen, etwa strittige Entscheidungen zu legitimieren, unangenehme Wahrheiten auszusprechen und gegebenenfalls unpopuläre Veränderungen umzusetzen.«[10]

Egal ob Aufsichtsrat, Hauptversammlung, Arbeitnehmer, Vorstandskollegen oder Bankenanalysten: Den Empfehlungen von bekannten Strategiehäusern zu widersprechen, wagen nur wenige. McKinsey und Konsorten gelten als nahezu unfehlbare Instanz. Und so ist auch leicht zu erklären, warum sich die Top-Consultants im Mittelstand – anders als in anonymen Konzernen – schwertun, Aufträge an Land zu ziehen. Familienunternehmer müssen sich vor niemandem rechtfertigen. Sie wissen: Am Ende zählt nur das Ergebnis.

»Wir haben oft die Rolle von Eselstreibern. Und in der Rolle funktionieren wir nun einmal gut«, sagt Christoph Weyrather, Geschäftsführer des Bundesverbands Deutscher

Unternehmensberater.[11] Externe Consulting-Teams werden offiziell gerufen, um Veränderungen voranzutreiben. Doch in Wahrheit treiben sie nur eines: das allgemeine Stressniveau. Und zwar nach oben. Systematisch produzieren sie Aufregung. Die meisten Arbeitnehmer großer Konzerne können ein Lied davon singen: Ein Kostensenkungsprogramm folgt dem nächsten, eine groß angelegte Umstrukturierungsmaßnahme der anderen. Die Nervosität der Manager spielt den Jagdhunden von Roland Berger und Ko. in die Hände. Die selbst ernannten Change Agents pochen ständig auf Veränderung. »Seien Sie ehrgeizig!«, rufen die Berater von Bain & Company den Lesern einer ihrer Studien zu.[12] Wer nur kurz innehält, hat schon verloren. Eine klare Botschaft.

Berater haben zwar keine Ahnung vom Geschäft und sind auch nicht schlauer als der Durchschnitts-Vorstand, können das aber gekonnt und glaubhaft vertuschen. Die meisten meiner Kollegen verfügten über keinerlei praktische Branchenerfahrung. Gleichzeitig berieten wir Manager, die ihr gesamtes Berufsleben in ein und derselben Industrie verbracht hatten. Das ist so gewollt. Strategieberater verkaufen den »Blickwinkel des unabhängigen Außenstehenden«.[13] Doch gleichzeitig wollen sie Experten sein. Mit einem Praktikum bei Bertelsmann im Lebenslauf wird man in der Consulting-Branche schon als Medien-Fachmann verkauft.

Auch wenn wir es uns nie hätten anmerken lassen: Unsere fehlende Sachkenntnis war im höchsten Maße beunruhigend. Unternehmensberater werden selbst gerne als »Insecure Overachiever« beschrieben, als risikoscheue Überflieger. »Insecure« deshalb, weil sie schreckliche Angst vor Fehlentscheidungen und schlechten Leistungen haben. »Overachiever«, weil sie in ihrem Leben meist schon überdurchschnittlich viel erreicht haben und dabei in ihrem Ehrgeiz kaum zu übertreffen sind.

Die Partner in der Unternehmensberatung sind insgeheim fest davon überzeugt, dass sie die besseren Unternehmer und Manager wären. Was sie dennoch dazu bringt, einen Job zu machen, der kaum operative Verantwortung beinhaltet: einzig ihre Angst. Das höchst besorgte Strebertum prägte dann auch den Arbeitsalltag meiner Teams. Wurden vom Vorgesetzten 100 Folien gefordert, produzierten wir lieber gleich doppelt so viele. Den Projektor für eine wichtige Kundenpräsentation testeten wir schon zwei Tage vorher. Kein Wunder, dass sich an dieser Haltung nicht viel ändert, wenn im Laufe von Karrieren aus Beratern Manager werden. Wer »Zero Mistake« predigt, züchtet Führungskräfte, für die Fehlerkultur ein Fremdwort ist (und die nur zu gerne viel Geld für ein Rechtfertigungsprojekt ausgeben). Das System erhält sich selbst.

Strategischer Einheitsbrei

Das Fatale ist: Unternehmensberater denken nicht unternehmerisch. Statt echten Visionen zu folgen, verlieren sie sich im Klein-Klein der kurzfristigen Optimierungen. Wer auf sie hört, wagt nichts mehr und schafft es so kaum, sich von der Konkurrenz abzuheben.

Bereits im ersten Monat wurde mir von einem Kollegen

mit einem gespielten Augenzwinkern Helmut Schmidts angestaubtes Bonmot an den Kopf geworfen: »Wer Visionen hat, sollte zum Arzt gehen.« Statt neue und innovative Ideen zu entwickeln, greifen die Insecure Overachiever lieber auf vertraute und verheerend uniforme Strategien zurück.

In ihrem Buch *Profit from the Core: A Return to Growth in Turbulent Times* untersuchten Partner von Bain & Company die strategischen Rezepte von langfristig besonders erfolgreichen Konzernen. Sie fanden heraus, dass über 60 Prozent dieser Unternehmen primär über den Preis konkurrieren. Ihr entscheidendes Alleinstellungsmerkmal ist vor allem eine betriebliche Kostenbasis, die im Vergleich zu den direkten Wettbewerbern deutlich niedriger ist.[14] An dieser Diagnose ist erst einmal nichts auszusetzen. Die Berater von Bain haben recht: Die Mehrheit der nachhaltig gut laufenden Betriebe arbeitet günstiger als die Konkurrenz. Problematisch ist jedoch die Schlussfolgerung, die aus dieser Tatsache vielerorts gezogen wird. Effizienz und Kostenmanagement allein machen nämlich noch lange keine überdurchschnittlich profitablen Firmen. Nicht wenige Vorstände und Strategieberater verwenden all ihre Energie lediglich darauf, Prozesse zu optimieren, statt systematisch auf Neues zu setzen. Langfristig gutgehen kann das nicht.

Der Siegeszug der Unternehmensberatungen schuf einen Teufelskreis aus strategischem Einheitsbrei und immer neuem Produktivitätsdruck. Anders ausgedrückt: Firmen, die sich nicht ausreichend unterscheiden, bleibt gar nichts anderes übrig, als das Bestehende ständig zu optimieren. »Beratungsunternehmen«, spricht es Reinhard Sprenger aus,

»sind Krankheitsüberträger, die Organisationsklone schaffen. Dabei haben doch alle schon im ersten Semester Betriebswirtschaft gelernt: ›Differentiate or die‹. Sei anders, oder du verschwindest vom Markt.«[15] Das Ergebnis: Prozesse und Geschäftsmodelle werden immer ähnlicher, Technokraten übernehmen die Kontrolle. Jeden Tag kümmern sie sich um die Frage, was ihre Firma als Nächstes machen sollte. Sehr selten scheren sie sich darum, warum sie das alles tut.

Die berühmten Worte von Martin Luther King lauteten mit gutem Grund »I have a dream«, nicht »I have a plan«.[16] Zahlenfixierte Manager haben hingegen nur Pläne, Unternehmensberatungen verkaufen Pläne, Analysten bewerten Pläne. Träume, so scheint es, wurden uns schon an der Business School ausgetrieben.

Die Vision vom angebissenen Apfel

Wirklich herausragende Unternehmer sind auf einer »göttlichen Mission«, wie es bei den *Blues Brothers* heißt. Ausgerechnet jene Firmen, die alle bewundern, ticken ganz anders, als es die Strategiepapiere der Berater vorsehen. Bestes Beispiel: Apple. Der Konzern wurde im Jahr 2012 zum wertvollsten Unternehmen der Welt. Die Erfinder von iTunes, iPhone und iPad sind seit langer Zeit die unangefochtene Innovationskraft in Computer-, Handy- und sogar Musikindustrie. Apple-Produkte genießen Kultstatus, ihr Design ist stilbildend, der Preis scheint für die Käufer nahezu irrelevant zu sein. Wenn eine neue Schöpfung des Konzerns in die Läden kommt, nächtigen die Anhänger der i-Lehre auf der Straße, um unter den Ersten zu sein, die sie in den Händen halten dürfen.

Der angebissene Apfel ist zum Sinnbild des unternehmerischen Erfolgs geworden. Und das, obwohl Apple stets unter denselben Bedingungen arbeiten musste wie seine Wettbewerber. Die Firma hatte Zugang zu den gleichen Talenten, Kapitalgebern, Journalisten, Werbeagenturen und wissenschaftlichen Institutionen wie alle anderen IT-Hersteller auch. Der wahre Grund für den Erfolg von CEO Steve Jobs und seinen Leuten liegt darin begründet, dass sie fest daran glaubten, mit jedem neuen Produkt den technologischen und industriellen Status quo infrage stellen zu können. Dafür erfanden sie ganz neue Geräte-Kategorien, wie zum Beispiel das iPad, von dem vorher niemand gedacht hätte, dass man es überhaupt brauchen würde. Jobs geniale Einfälle schufen neue Märkte. An kleinen Schritten hatte der geniale Visionär kein Interesse.

Die wahre Stärke von Apple besteht bis heute darin, seinen Kunden glaubhaft vermitteln zu können, dass alles, was die i-Marke trägt, wegweisend und bahnbrechend ist. Wer die schicken Spielzeuge »designed in California« erwirbt, der kauft auch die Utopie einer schönen neuen Technik-Welt. Nicht Überlegungen zum betrieblichen Rationalisierungspotential trieben Jobs an, sondern seine Vorstellungskraft für revolutionäre Anwendungen und Produkte. Apples Erfolg beruht gerade auf dem Abweichen von Management-Methoden, wie sie an der Business School gelehrt werden.

Der Technik-Gigant aus dem Silicon Valley war nicht immer erfolgreich. Tatsächlich erlebte Apple in den letzten 30 Jahren ein dramatisches Auf und Ab. An der Geschichte der Firma lassen sich gut die Gefahren einer inspirationslosen und rein betriebswirtschaftlichen Management-Logik ablesen. Mitte der siebziger Jahre gründeten Steve Jobs und Steve Wozniak ein kleines Garagen-Start-up und entwickelten den ersten Personal Computer der Geschichte. Die Konkurrenz ließ allerdings nicht lange auf sich warten. Die damals mächtige IBM brachte eigene PCs auf den Markt, die bald noch größere Erfolge feierten als Apples Computer. Jobs galt als Forschertyp, sein Unternehmen als innovativ, aber wenig strukturiert.[17] *Fortune* forderte von Apple Mitte der achtziger Jahre klassische betriebswirtschaftliche Tugenden ein: »Disziplin – Kostenkontrolle, Reduzierung der Overhead-Kosten, Rationalisierung von Produktlinien.«[18]

Um Marketing- und Business-Wissen in die Firma zu holen, suchte sich Jobs 1983 einen klassischen BWL-er als Präsidenten. Er fand ihn in John Sculley, einem ehemaligen Pepsi-Manager mit einem MBA-Abschluss von der berühmten Wharton School in Philadelphia. Anfangs funktionierte die Zusammenarbeit gut. Doch zunehmend zerstritten sich die beiden Unternehmensführer. Der große Entwickler misstraute dem Marketing-Spezialisten von der Ostküste. 1985 kam es zum Eklat. Jobs versuchte Sculley loszuwerden. Dieser sicherte sich jedoch den Rückhalt des Vorstands und setzte Jobs' Entlassung durch.[19]

Sculley reduzierte zunächst das Personal um 20 Prozent, optimierte und vermarktete die letzten Neuentwicklungen des gefeuerten Firmengründers. Die Umsätze stiegen kräftig. Doch Ende der achtziger Jahre wendete sich das Blatt. Es kamen keine bahnbrechenden Innovationen mehr nach. Apples Produktpalette schien veraltet und überzeugte die Kunden nicht mehr. Die Marktanteile schrumpften. 1990 schrieb Apple rote Zahlen. In den Folgejahren ging es steil bergab. Der Aktienkurs war am Boden, und auch massive Entlassungen konnten die Verluste nicht verringern. Sculley verließ das sinkende Schiff. Zwei erfolglose Nachfolger konnten nicht viel ausrichten.

1997 kehrte Jobs als CEO zurück ins Unternehmen. Kurz darauf brachte Apple den iMac auf den Markt – ein sensationeller Erfolg. Was dann folgte, ist bekannt. Mit zahlreichen Innovationen sprudelten auch die Gewinne wieder. 2011 starb Jobs. Es wird sich zeigen, ob seine Nachfolger über ähnliche Fähigkeiten verfügen. Die jüngsten Zahlen stimmen jedoch skeptisch.[20]

Das Dilemma der Technokraten

Wer verkrampft versucht, alles richtig zu machen, kann viel verlieren. Die ängstlichen Technokraten planen, analysieren, quantifizieren und budgetieren. Sie arbeiten rund um die Uhr, sind hart gegen sich selbst und ihre Mitarbeiter. Doch das Wichtigste verstehen sie oft nicht. Die Geschichte ist voll von Firmen, die entscheidende technische Entwicklungen verschliefen und so den Wettbewerb um Kunden verloren. IBM, Hewlett-Packard, Kodak, Nokia, Gruner + Jahr: die

Liste der einst gefeierten Konzerne, deren Vorstände – wie John Sculley bei Apple – irgendwann nicht mehr mitbekamen, was in ihrer Branche wirklich abging, ließe sich endlos weiterführen. Das Phänomen ist bekannt und bestens beschrieben: Es handelt sich um das sogenannte Innovator's Dilemma.[21] Wenn bahnbrechende Innovationen Märkte strukturell verändern, sind es nur sehr selten die etablierten Marktführer, von denen der Wandel ausgeht.

Als im 19. Jahrhundert Dampfschiffe die Seefahrt revolutionierten, waren nicht etwa ehemalige Segelschiff-Werften die Hersteller der neuen Dampfer. Sie hatten zu lange auf die Kraft des Windes gesetzt, hatten immer bessere und größere Windjammer gebaut und waren schließlich untergegangen. In der Computerindustrie etwa gelang es führenden Unternehmen fast nie, ihre Position über technologische Sprünge hinweg zu verteidigen. IBMs Großrechner hatten so gut wie keine ebenbürtige Konkurrenz. Doch als in den sechziger Jahren die Minirechner aufkamen, verpasste IBM diese Entwicklung. Firmen wie die heute fast vergessene Digital Equipment Corporation (DEC) und andere machten den neuentstandenen Markt unter sich aus. Aber auch ihr Erfolg währte nicht lange. Mit dem Aufkommen der Personal Computer in den siebziger Jahren veränderte sich die Rechnernachfrage erneut. Die bestehenden Player schätzten das Potential der neuen Produkte dramatisch falsch ein. »Es gibt keinen Grund, warum irgendjemand einen Computer in seinem Haus wollen würde«, sagte noch 1977 der Gründer und Präsident der DEC, Ken Olson.[22] Die Gewinne aus dem PC-Geschäft erwirtschafteten dann auch andere. Es waren

Firmen wie Apple, IBM, Commodore oder Tandy. Produkte der Letztgenannten sind heute schon wieder Geschichte.

Zurzeit vollzieht sich der nächste technologische Bruch. Der einstige Silicon-Valley-Pionier Hewlett-Packard ist deshalb in massive Schwierigkeiten geraten. An dessen Spitze steht Meg Whitman, eine ehemalige Beraterin von Bain & Company. Die starke Frau aus Palo Alto musste jetzt lernen: Rationalisierungen machen noch lange keine gute Strategie. Unfassbare 27 000 Stellen wurden 2012 gestrichen.[23] Trotzdem brachen Umsatz und Gewinn weiter ein.[24] Warum? Die aktive Republikanerin und Ex-Vorstandsvorsitzende von eBay findet einfach keine Antworten auf die Herausforderungen ihrer Industrie. Während die ganze Welt nur noch Tablets und Smartphones kauft, setzt HP immer noch auf Drucker und PCs.

Die gleichen Muster wiederholen sich in ganz unterschiedlichen Branchen. 2012 meldete der Traditionskonzern Kodak Insolvenz an. Die legendäre Fotofirma aus analogen Zeiten hatte die aufkommende Digitaltechnologie zu lange unterschätzt. Es ist »die Geschichte eines Pioniers«, so *Spiegel Online,* »der erst die Fotografie revolutionierte und dann selbst Opfer anderer Revolutionen wurde: Erst kam die Digitalisierung, dann der Siegeszug der Fotohandys. Beides machte Kodaks Geschäftsmodell obsolet, ließ die Umsätze der US-Firma verblassen wie ein altes Foto.«[25] Sehr düster sieht es auch für die Mobilfunkgeräte-Hersteller Nokia und Blackberry aus. Einst als Smartphone-Star gefeiert, wollte Letzterer die zunehmende Beliebtheit von Touch-Screen-Displays und Apps nicht wahrhaben. Die Strategen bei der

Konkurrenz aus Finnland verpassten den Branchenschwenk in Richtung Smartphones gänzlich.[26]

Und auch in der Medienbranche vollzieht sich Ähnliches. Die digitale Revolution stellt das Geschäft auf den Kopf. Auflagen sinken beständig, Anzeigenerlöse brechen weg, und online ist die Zahlungsbereitschaft für Inhalte äußerst niedrig. Jahrelang wurden User falsch erzogen und kostenlos beliefert. Einige Konzerne, unter ihnen Axel Springer und Burda, haben die Zeichen der Zeit erkannt und stecken viel Geld ins Online-Business. Sie setzen (notgedrungen) auch auf Ertragsquellen jenseits des klassischen Journalismus und kaufen jede Menge kleiner Start-ups auf. So erzielte Springer schon 2011 rund ein Drittel seiner Einnahmen mit digitalen Aktivitäten,[27] Burda sogar fast die Hälfte.[28] Andere Wettbewerber hingegen klammern sich an ihre publizistische Kernkompetenz und sind dabei, das Medien-Monopoly zu verlieren. Einstige Print-Größen wie Gruner + Jahr machen bis heute nur einen Bruchteil ihres Umsatzes im Netz.[29] Mit dem wirtschaftlichen K.o. überregionaler Zeitungen wie der *Frankfurter Rundschau* und der *Financial Times Deutschland* sind die Folgen eines inspirationslosen Medien-Managements schon heute zu beobachten.

Versuch und Irrtum

Wer innovativ sein will, muss unternehmerisch denken und handeln. Und genau das tun viele Manager nicht. Um sich nicht selbst neu erfinden und infrage stellen zu müssen, wird lieber das Bestehende mit Hilfe von Beratungsunternehmen optimiert.

Radikale Neuerungen wie das Dampfschiff, der PC, die Digitalkamera oder der Tablet-Computer werden von Ökonomen wenig schön als »disruptiv«, als zerstörerisch und Unruhe stiftend beschrieben. Die üblichen Entwicklungen der führenden Konzerne sind in ihrem Charakter hingegen fast immer das Gegenteil, nämlich evolutionär: Controller-Manager und Unternehmensberater lassen lieber existierende Geschäftsmodelle »tunen« (zur Not auch auf Kosten von deren Stabilität), um nur bloß nicht auf neuen Wegen Risiken eingehen zu müssen. Für sie »macht es prima vista wenig Sinn, in disruptive Technologien zu investieren«, lautet die trockene Erklärung der Wissenschaft.[30] Denn diese führen zumeist erst einmal ein Nischendasein und sind für die Masse der Stammkunden anfänglich nicht interessant. Zu bahnbrechenden Veränderungen kommt es so fast nie. Die Technokraten der Führungsetagen vertrauen nur dem, was sie kennen und beherrschen, kurzum: was sich berechnen lässt.

»Unternehmen, die Investitionsentscheidungen nur auf Basis eindeutiger Quantifizierungen von Marktpotential und Renditeabschätzungen treffen«, schreibt Harvard-Professor Clayton Christensen, geistiger Vater des »Innovator's Dilemma«, »sind bei disruptiven Innovationen wie gelähmt oder machen entscheidende Fehler.«[31] Aktuelles Beispiel? Trotz offensichtlichem Bedarf hat die deutsche Automobilindustrie bis heute kaum konkurrenzfähige Elektroautos im Angebot. Anstatt den Herausforderungen der Energiewende offensiv zu begegnen, wird lieber die x-te Variante eines spritschluckenden Sport-Coupés auf den Markt gebracht.

Die wirklichen »Game Changer« brauchen keine Ratschläge von McKinsey und Konsorten. Axel Springer gilt beispielsweise als äußerst beratungsresistent. Strategien entwickeln die Berliner Zeitungsverleger lieber selbst. Ihr Vorstandsvorsitzender, Mathias Döpfner, gehört zur sehr kleinen Gruppe der angestellten Visionäre. Das könnte auch daran liegen, dass Döpfner gerade kein beschränkter BWL-er, sondern ein ausgebildeter Musikwissenschaftler und Journalist ist.

Im Dezember 2012 führte Axel Springer eine sogenannte Bezahlschranke für die Online-Inhalte der zum Konzern gehörenden Zeitung *Die Welt* ein. Es ist der Versuch, endlich die Kostenloskultur des Internets zu überwinden. Man kann von diesem Schritt halten, was man will. Fest steht: Er ist mutig und in jedem Fall eine Pionierleistung in der deutschen Medienlandschaft. Die Strategie könnte ohne Weiteres nach hinten losgehen. »Was ist, wenn die User diesen Weg verweigern?«, fragte Döpfner selbstkritisch. »Wir wissen es nicht, wir müssen jetzt einfach anfangen.«[32] Garantieren, dass es klappt, könne er nicht.[33] Solche Worte hört man von anderen Vorstandsvorsitzenden (zum Beispiel aus der Automobilindustrie) nicht. Döpfner hat als einer der wenigen Manager verstanden, dass mutiges Unternehmertum vor allem dem Grundsatz »Versuch und Irrtum« folgt. Jüngster Beleg: Der radikale Ausverkauf von Springers Print-Portfolio.

Die kaputte Elite ist dem Irrglauben erlegen, mit formalen Plänen Neues schaffen zu können. Die Wahrheit ist: Nur wer systematisch ausprobiert, verbessert und zur Not auch verwirft, kann selbst bahnbrechende Innovationen produzieren. Die beste Führungskraft ist vor allem eines: mutig. Furcht, Zweifel oder unternehmensinterne Widerstände zu überwinden, das sind die größten Fähigkeiten eines charismatischen Lenkers. Richard Branson formulierte das auf seine Art: »Scheiß drauf, packen wir's an!«[34] Der Springer-Chef findet natürlich feinere Worte als der britische Unternehmer-Rockstar und Abenteurer Branson. Aber im Kern scheint er ähnlich zu denken. Döpfners Bilanz ist nicht annährend makellos. Auf sein Konto gehen schwerwiegende Fehlentscheidungen. Das Debakel um das alternative Postunternehmen Pin kostete den Konzern alles in allem rund 300 Millionen Euro, von einer gescheiterten Übernahme der Sendergruppe ProSiebenSat.1 ganz zu schweigen.[35] Diese wenig ruhmreichen Episoden haben dem Vorstandsvorsitzenden allerdings nicht geschadet. Wer Neues wagt, der muss auch scheitern dürfen. Döpfners Führung ist heute unangefochten. Durch eine Schenkung Friede Springers, der Witwe Axel Springers, hält der CEO seit 2012 sogar über drei Prozent der Unternehmensanteile selbst.[36]

Noch etwas anderes unterscheidet Döpfner vom analytischen Technokraten. Das belegen seine Worte anlässlich der Einführung der Bezahlschranke auf der *Welt*-Website: »Wir verteidigen nicht die gedruckte Zeitung, wir verteidigen den Journalismus.«[37] Das klingt zugegeben etwas pathetisch. Aber aus dem Mund eines ehemaligen Chefredakteurs ist diese Aussage zumindest authentisch. Genau wie Steve Jobs bei Apple nimmt man Döpfner ab, dass es ihm nicht nur um betriebswirtschaftliche Strategien geht. Beide Charaktere, so unterschiedlich sie auch sind, teilen eine entscheidende Eigenschaft: Sie hatten bzw. haben eine Vision von der Zukunft ihrer Branche. In ihren Entscheidungen steckt eine gehörige Portion Träumerei.

Geradezu radikalisiert hat die Methode »Versuch und Irrtum« der Suchmaschinenkonzern Google. Die Kalifornier, so das *Handelsblatt,* »schicken regelmäßig Expeditionen in unerforschtes oder feindliches Terrain. Das Risiko, dass die Projekte dabei untergehen oder stark dezimiert zurückkommen, ist kalkuliert.«[38] Ständig werden neue – zum Teil nur halb fertige – Produkte auf den Markt gebracht. Der ehemalige CEO Eric Schmidt verkündete 2010 stolz: »Wir feiern unsere Fehlschläge.«[39] Neuentwicklungen sollen noch im Embryonalstadium unter Marktbedingungen getestet werden, Nutzer aktiv an deren Gestaltung teilhaben können. Die Liste der Prototypen ist ähnlich lang wie die der Projekte, die wieder in der Versenkung verschwanden. Unter ihnen finden sich nahezu unbekannte Angebote wie die Kollaborationsplattform »Wave«, die Video-Suchmaschine »Google Video«, der Kurznachrichtendienst »Jaiku« oder die ortsbasierte Social-Networking-Software »Dodgeball«.

Eine derartige Innovationskraft erreicht das Silicon-Valley-Unternehmen mit einer Firmenkultur, die Kreativität zum Mantra erhoben hat. Einen Tag in der Woche dürfen Mitarbeiter an eigenen Ideen arbeiten. Auf diese Weise kamen Erfolge wie »Google Mail« oder »Google Talk« zustande. Alle neuen Einfälle landen in einer weltweiten Datenbank. Befassen sich andere Teams bereits mit ähnlichen Projekten, gesellen sich neue Interessierte einfach dazu.[40]

Es wird sich zeigen, ob die Daniel Düsentriebs aus dem Silicon Valley mit ihren ungewöhnlichen Methoden dem »Innovator's Dilemma« entkommen können. Ihr langfristiger Erfolg hängt davon ab, ob sie es immer wieder schaffen werden, gewohnte Denkweisen kompromisslos infrage zu stellen. Denn das »Innovator' Dilemma« ist nichts anderes als die Folge einer gefährlichen Akzeptanz bestehender Normen. Die größten »Kirchen und Orthodoxien«[41] der heutigen Zeit findet man in der Ökonomie. Die Management-Lehre ist zu einer Kathedrale beschränkten Denkens verkommen.

»Wir brauchen heute Menschen«, folgert der finnische Innovationsforscher Alf Rehn, »die die Grundfesten der Unternehmensstrukturen in nahezu gleicher Weise erschüttern können, wie es den früheren Ketzern mit der Kirche gelang – durch unmittelbare Einmischung und völliges Desinteresse für jede Art von Anpassung.«[42] Ketzer, so Rehn, sind Menschen, die ihre Glaubensgemeinschaft nicht verlassen wollen, die aber ebenso wenig einverstanden sind mit dem, was dort gepredigt wird – und das offen aussprechen. Sie sind das genaue Gegenteil der »Insecure Overachiever«.

Viel gibt es zu tun für unsere Ketzer. Die kaputte Elite ist mächtig. Sie verhindert Fortschritt und vernichtet Werte. Risikoaversion, Uniformität, Anpassung und eine intellektuelle Beschränkung auf alles Berechenbare – so lauten die größten Bedrohungen von langfristigem Wachstum. Technokraten-Manager verwalten, sie entdecken nicht. So verraten sie das marktwirtschaftliche Ethos. Mit ihren Methoden schaden sie Mitarbeitern, Kunden und Aktionären.

Bullshit Bingo

Die Methoden taugen nichts

Bullshit Bingo [bʊlʃɪt ˈbɪŋgəʊ] = BWL-Version des bekannten Bingo-Spiels. Ziel ist die gezielte Benutzung von Beratervokabular* während eines Meetings. Auch als generelle Bezeichnung für eine inhaltslose und schlagwortgetriebene Managementsprache verwendet.

Paris. Der Kunde hatte ein beeindruckendes Hauptquartier. Außen der Klassizismus des frühen 20. Jahrhunderts, drinnen das Büro der Zukunft. Es roch nach Farbe und jungfräulichen Möbeln. Licht durchflutete die Arbeitsräume. Pastellfarben, dicke Teppiche und ergonomische Stühle. Hightech-Equipment, große Flachbildschirme und eine intelligente Klimaanlage. Es war das Wohlfühl-Büro. Ein Ort, der Gesundheit und Entspannung ausstrahlen sollte.

An einem Dienstagnachmittag lauschten wir gespannt der Freisprechanlage eines Telefons in der Mitte des kleinen Konferenztisches. Vor etwa fünf Minuten hatten wir uns in eine Telefonkonferenz eingewählt. Am anderen Ende der Leitung war außer leichtem Warteschleifen-Jazz noch nichts

---

* Ausdrücke wie zum Beispiel »Quick Win« (Ergebnisse, die problemlos und schnell zu erreichen sind) oder »Boiling the Ocean« (sehr viel Aufwand für die Lösung eines Problems betreiben).

zu hören. Solche »Calls« nahmen täglich Stunden in Anspruch. Sie liefen fast immer ähnlich ab.

»Hey guys! Versteht ihr mich?«*

Es war Tom, der für das Projekt verantwortliche Partner. Er saß in einem Taxi in New York, irgendwo auf dem Weg von Manhattan zum John-F.-Kennedy-Flughafen. Jede Woche pendelte er zwischen Neuer und Alter Welt hin und her. Die Stewardessen von Delta Air Lines sah er vermutlich öfters als seine Kinder. Toms Stimme klang weit weg. Im Hintergrund war das Heulen einer amerikanischen Sirene zu vernehmen. Es knackte und rauschte.

»Ist Rashid schon da?«, fragte Tom.

Rashid leitete das indische Teilprojekt. Er sollte sich aus dem Büro in Delhi einwählen.

Sekunden später: »Rashid hier. Sorry für die Verspätung.«

Die Verbindung nach Indien war deutlich besser als die über den großen Teich.

»Fantastisch«, so Tom, »dann können wir ja loslegen.«

Meine Kollegen zückten die Notizblöcke. Unser Chef hatte Wichtiges zu verkünden.

»Ich hatte gerade ein echt produktives Meeting mit Dave, dem APAC Head of Operations ...«

Plötzlich wieder nur Rauschen.

»Wir verstehen dich nicht«, sagte der Schweizer Projektleiter neben mir ins Mikrofon.

Dann wieder Tom: »Wir fahren gerade durch einen Tunnel. Jetzt besser?«

---

* Namen und Inhalt verändert.

Die freien Minuten im Taxi mussten genutzt werden, egal unter welchen Umständen. Bloß keine verschwendete Arbeitszeit riskieren.

Tom machte ungerührt weiter: »Wir haben noch einmal über das Thema PMI gesprochen. Ich habe ihm gesagt, dass es extrem Value adding wäre, wenn wir den Workstream so schnell wie möglich aufgleisen. Zum jetzigen Zeitpunkt müssen wir sicherstellen, dass die Findings aus den Benchmarking Workshops auch asap implementiert werden. Sonst riskieren wir komplett unsere Roadmap. Könntet ihr mir einen ersten Wurf für einen Mini-Loop machen? Welches Vorgehen ist da BDP? Wir müssen hier echt schnell PS auf die Straße bringen, o.k.? Der nächste Touchpoint wäre für mich dann morgen früh, bevor ich beim CSO aufschlage. Rashid, was macht die OPEX-Planung für Asien?«

Einige Momente vergingen, bis der indische Kollege antwortete: »Tom, wir sind dabei. Hypothese ist aber, dass wir hier eher keine großen Hebel finden. Ich schlage vor, dass wir auch noch mal einen deep Dive zum Thema relative Cost Position machen. Mein Team macht sich bis morgen Gedanken zum richtigen Approach.«

Tom klang zufrieden. »Fantastisch. Was wir dann auch noch auf der Platte haben müssen, ist der ganze Bereich Process Complexity. So wie ich das sehe, gibt es da aber nur wenige low hanging Fruits. Der Drops ist leider noch nicht gelutscht. Also keep in Mind! Wir haben nur noch zwei Wochen bis zum nächsten SteerCo. Da müssen wir ein bisschen Gas geben. Ich muss jetzt aber weg. Habe noch einen weiteren Call, bis mein Flieger geht. Ziemlich cooles Purchasing-Proposal. Wir sehen uns morgen früh im Office.«

Das war's. Meine Kollegen nickten und kritzelten eifrig auf ihre Blöcke. Wir hatten klare Anweisungen für die nächsten Stunden. Ich fragte mich: Was sagt die Sprache wohl über das Denken aus? Die traurige Antwort: eine ganze Menge!

Die Rhetorik einer falschen Logik

Schon nach kurzer Zeit sprechen die meisten Aufsteiger selbst den sogenannten Beratersprech. Einfache Vokabeln und simple Nebensätze scheinen auf der Jagd nach Profit schnell verloren zu gehen.

Die hohlen Fachausdrücke und Pseudo-Komplexitäten werden zitiert, bespöttelt und parodiert. Sie füllen Bücher, Zeitungskolumnen und *Spiegel-Online*-Rätsel. Doch der Beratersprech beschränkt sich nicht nur auf die interne Kommunikation der Consultants. Er prägt die Mails, Sitzungen und Reden der gesamten kaputten Elite. Die Bezeichnung »Managersprech« wäre deshalb eigentlich treffender. Denn ganz allgemein gilt: Viele Manager verstecken sich hinter Phrasen.

Natürlich, auch bei anderen Berufsgruppen fällt es Außenstehenden schwer, Gesprächen unter Insidern zu folgen. Spezielle Termini prägen die Sprache vieler Metiers. Doch im Gegensatz zu echten Fachsprachen ist das Kauderwelsch der Folien-Akrobaten komplett inhaltsleer und hohl. Mediziner und Juristen erreichen mit ihrem jeweiligen Jargon eine Genauigkeit, die effiziente Kommunikation überhaupt erst ermöglicht. Für viele medizinische oder juristische Begriffe existieren schlicht keine allgemeinverständlichen Ausdrücke. Bei BWL-ern ist das anders. Ihre Phrasen dienen vor allem dem Aufblasen eigentlich einfacher Inhalte. Sie sind für mich nichts weiter als Marketing – und Selbstschutz. Klare Worte würden die Trivialität des Gesagten enthüllen. Die scheinbar wissenschaftliche Aura der großen Strategen wäre dahin.

Kommunikative Defizite zeigen sich nicht nur in der Sprache, sondern auch im Auftritt. »Die meisten Chefs«, berichtet das *Handelsblatt,* »kleben am Manuskript und klammern sich nervös ans Pult. Sogar Rekordzahlen, wie sie Martin Winterkorn seinen VW-Aktionären mitteilen konnte, werden vorgetragen, ohne eine Miene zu verziehen. Statt Spannung zu erzeugen, lesen die Konzernlenker sogar teilweise die eingeblendeten PowerPoint-Folien vor. Langeweile pur.«[1] Doch nicht nur Dax-Vorstände versagen in der freien Rede. Wer in der Unternehmensberatung zum Partner ernannt wird, den zeichnen nach meiner Erfahrung nur in Ausnahmefällen Qualitäten wie Eloquenz oder Charme aus. Im Gegenteil. Den frisch aufgestiegenen Top-Beratern werden nicht selten erst einmal Medien- und Rhetorik-Kurse verschrieben. Viele sind überfordert damit, vor größeren Gruppen oder einer laufenden Kamera zu sprechen. Eine Unterhaltung ohne Beraterdeutsch ist ihnen genauso fremd wie ein Vortrag ohne Folien. Die meisten meiner Senior-Kollegen waren trockene Zahlen-Analytiker statt gewitzte Verkäufer. »Head down and deliver« und Jahre vor Excel-Tabellen und PowerPoint bleiben nicht ohne Folgen.

Das Kommunikationsversagen vieler Führungskräfte ist nicht nur von unfreiwilliger Komik. Es steht auch für eine ernst zu nehmende Fehlentwicklung der wirtschaftlichen Eliten, deren Motto lautet: Zahlen statt Visionen, Analysen statt Gefühle. Ausschließlich quantifizierbare Argumente gelten als rational und damit akzeptabel. Das kann die wildesten Blüten treiben: Kollegen erzählten mir von leitenden Angestellten großer deutscher Unternehmen, die wie die Buchhalter fertige PowerPoint-Präsentationen auf eventuelle Formatierungsfehler kontrollierten. »Da darf nichts zittern«, hieß es. Wehe, wenn auch nur eine Überschrift nicht auf den Millimeter genau am richtigen Ort positioniert war! Je größer der Betrieb, so scheint es, desto größer ist der Amtsschimmel. Doch was noch viel schlimmer ist: Diese Pseudo-Genauigkeit ist letztlich seelenlos. Was nicht »data-driven« ist, zählt nicht. Angst macht viele Entscheidungsträger zu Bürokraten der Chefetagen. »Zahlen und Techniken sind die Feigenblätter der nackten Manager-Kaiser geworden.«[2]

Dabei kann die mentale Beschränkung auf alles Messbare fatal sein. Denn quantitative Analysen sind in den meisten Fällen weit weniger aussagekräftig, als es viele (insbesondere Unternehmensberater) wahrhaben wollen. Daten verringern Komplexität so sehr, dass Zwischentöne untergehen. Statistiken stellen von Natur aus immer eine Welt von gestern dar. Zukunftstrends können sie kaum vorhersagen. Wer ihnen folgt, rennt bestehenden Entwicklungen hinterher. Die kaputte Elite will einfach nicht wahrhaben, dass sich die Zukunft nicht prognostizieren lässt.

Die Daten hinter den fertigen Grafiken sind aber noch aus ganz anderen Gründen zu hinterfragen. Aus meiner eigenen Erfahrung im Projektalltag weiß ich: Verzerrungen und Ungenauigkeiten jeder Art sind an der Tagesordnung. Als »intelligent guessing«, zu Deutsch »intelligentes Raten«, beschönigen Berater das Schätzen von Zahlen, die eigentlich gar nicht verfügbar sind. Der »fudge factor«, also der »Schummel-Faktor«, bezeichnet in der Branche die zusätzlichen Berechnungsgrößen und Variablen, die in Tabellen und Kalkulationen nachträglich eingefügt werden, damit unten das gewünschte Ergebnis steht. Komisch findet das keiner. Im Weltbild der ängstlichen Technokraten sind erfundene Fakten immer noch besser als gar keine Daten.

Viele wertvolle Informationen sind ohnehin nicht quantifizierbar. Was BWL-er abschätzig als »weiche« Faktoren beschreiben würden, also alles Psychologische, Emotionale und Zwischenmenschliche, wird von den Technokraten bewusst ausgeblendet. Die Zentralen der großen Konzerne laufen so Gefahr, zu kalten Altären mathematischer Rationalität zu verkommen. Wie etwa lässt sich eine emotionale Kundenreaktion in mathematischen Größen ausdrücken? Was sagt die Anzahl der Verkäufe über die Stimmung in der Vertriebsmannschaft aus? Was verraten Produktivitätskennzahlen über die Mitarbeitermotivation? Den mentalen Buchhaltern in den Chefsesseln ist das egal. Sie brauchen »harte« Techniken, um sich sicher zu fühlen.

»Ich habe die Lösung, wo ist das Problem?«

Die moderne Managementlehre ist voll von sogenannten Frameworks zur Entscheidungsfindung. Diese Führungs-Techniken sind der mentale Anker, an den sich die Entscheidungsträger klammern können. Sie tragen akademische Namen und gaukeln Sicherheit in gefährlichen Zeiten vor. Leuchtfeuer im wilden Sturm des globalen Wettbewerbs.

Ständig kommen frische Techniken auf den Markt. Die Entwickler der immer ausgeklügelter erscheinenden Modelle sind kreativ – vor allem bei der Namensgebung für ihre geistigen Schöpfungen. Vorhang auf für »BothBrain® Innovation« und »Results Delivery«, für das »Talent System Assessment Tool« und den »Supply Chain Capabilities Profiler«. Unternehmensberater und BWL-Professoren bedienen die Nachfrage nach heißer Luft. Sie verkaufen nicht selten den gesunden Menschenverstand, als handelte es sich dabei um die gerade entdeckte Weltformel. Sie blenden mit glamourösen Namen, und die Top-Kräfte der Wirtschaft lassen sich nur zu gerne täuschen. Was kompliziert klingt, lässt sich gut verkaufen. Eine komplexe Welt verlangt nach komplexen Methoden. Berater arbeiten nach dem Motto: »Ich habe die Lösung, wo ist das Problem?«[3] Ob gebraucht oder nicht – die Folienzeichner im feinen Zwirn drücken immer neue Werkzeuge in die Chefetagen.

In vielen Fällen sind die Techniken an Trivialität kaum zu überbieten. Andere »Tools« sind bei übertriebener Anwendung schlichtweg gefährlich. So zum Beispiel das omnipräsente »Benchmarking«, also das systematische Analysieren und Bewerten anderer Firmen. So gut wie alles lässt sich »benchmarken«: Kostenstrukturen, Produktivitätskennziffern, Mitarbeiterzahlen, Marketingbudgets, Lagergrößen, Sortimentstiefen und noch vieles mehr. Jedes betriebliche Detail kann mit der Situation in anderen Unternehmen abgeglichen werden. Was gut oder schlecht läuft in einem Betrieb, ist – so scheint es – mit Hilfe eines Referenzwerts leicht zu quantifizieren.

Das Problem dabei: Echte Visionen sind immer einzigartig. Imitation ist im Zweifel der falsche Weg, um sich von anderen abzuheben. Innovationen kommen so ganz sicher nicht zustande. Selbstverständlich ist es nicht nur sinnvoll, sondern absolut nötig, Wettbewerber zu durchleuchten und zu verstehen. Aber wer nur noch vergleicht, denkt selbst nicht mehr nach. Ich befürchte, dass viele tatsächlich glauben: Wer nachahmt, der macht zumindest nichts falsch. Kein Wunder. Die »Copy-Paste«-Methode wird von Unternehmensberatern wärmstens empfohlen. »Best Practices« nennen sie die betrieblichen Vorbilder. Die richtige Markteintrittsstrategie für den indischen Markt, die profitabelsten neuen Kundengruppen, die besten Maßnahmen bei der Fusion zweier Firmen: Für alle wichtigen Management-Entscheidungen lassen sich irgendwo erfolgreiche Blaupausen finden. Kaum eine Publikation, kaum eine Präsentation, in der sie nicht von den Erfolgsmodellen anderer Konzerne berichten.

Folgenschweres Wirtschaftsschach

Für die Bewertung von Branchen entwickelte der große Michael E. Porter das vielleicht berühmteste »Tool« schlechthin, die Porter's Five Forces: fünf Kräfte, die jeder BWL-Erstsemester aufzählen kann. Sie beschreiben, welche Einflüsse die Struktur und Profitabilität einer Industrie bestimmen: Es sind die Intensität des Wettstreits bestehender Anbieter, die Macht der Kunden, die Macht der Zulieferer sowie die Bedrohung durch neue Konkurrenten und mögliche Ersatzprodukte, genannt Substitute.*

Porters Grundgedanke hinter den fünf Kräften ist sehr einfach: Entscheidend bei der strategischen Planung ist vor allem das Verständnis der jeweiligen Branchendynamik. Nachhaltige Vorteile entstehen Firmen letztlich durch eine schlaue Auswahl des richtigen Marktsegments, nicht unbedingt durch eigene Innovationen. Je nach Wettbewerbsumfeld existieren passende (»generische«) Unternehmensstrategien.

»Dieser Ansatz«, so Henry Mintzberg von der McGill-Universität in Montreal, »führt allzu oft dazu, dass sich der Strategieentwicklungsprozess auf eine Art Wirtschaftsschach beschränkt, bei dem allgemeine Figuren hin- und hergeschoben werden: Unternehmen werden gekauft und wieder verkauft; Forschungsabteilungen erhalten Budgets zugewiesen; das Unternehmen wird strukturiert und restrukturiert.«[4]

---

* Ein Bahnticket ist zum Beispiel ein Substitut für ein Kurzstrecken-Flugticket.

Die Einzigen, die sich über so ein Spiel freuen, sind die Unternehmensberater. Sie können bei jedem Schachzug Projekte verkaufen und dicke Gehälter kassieren.

Mit Hilfe des »Five Forces«-Frameworks ist selbst ein BWL-Erstsemester in der Lage, eine Unternehmensstrategie zu erstellen, die so intelligent erscheint wie eine, die von einem Team an hoch bezahlten Top-Beratern aufwendig entwickelt wurde. Doch die Gefahren des Porter'schen Gedankengerüsts liegen auf der Hand. Warum sollen sich Manager überhaupt noch die Mühe machen, immer bessere Produkte und Dienstleistungen zu produzieren, wenn allein schon die Auswahl der richtigen Branchen und Segmente angeblich langfristig überdurchschnittliche Gewinne garantiert?[5] Wenn Marktanalysen die entscheidende Arbeit sind, warum sollen sich Firmen dann noch um eigene Innovationen scheren?

Erfolgreiche Unternehmen schaffen Werte für ihre Kunden. Jede Art von Vorteil entsteht *immer* durch besondere Produkte oder einzigartige Serviceleistungen. Porter's Five Forces mögen vergangene Gewinne erklären, zukünftige Profite können sie nicht vorhersagen. Außer in stark regulierten Industrien gibt es keine nachhaltigen und überdurchschnittlichen Erträge, die sich mit Hilfe analytischer Markt-Bewertungen prognostizieren lassen.[6] Die wichtigsten Angestellten einer Firma sind deshalb produktvernarrte Ingenieure, freundliche Service-Mitarbeiter und kreative Marketing-Fachleute, nicht aber die Pseudo-Mathematiker in den Chefetagen.

Gute Unternehmer denken an ihre Abnehmer, schlechte an

die Konkurrenz. Ein Musterbeispiel an Kundenzentrierung liefert der Online-Riese Amazon. Dessen legendärer Gründer, Jeff Bezos, erklärte jüngst, was seine Firma so erfolgreich macht. Chefs anderer Unternehmen entwickeln ihre Strategien auf der Basis von Wettbewerbs-Überlegungen: »Am Morgen, unter der Dusche, denken sie darüber nach, wie sie einen ihrer wichtigsten Konkurrenten überholen können. Wir hingegen denken unter der Dusche darüber nach, wie wir etwas Neues für unsere Kunden erfinden können.« Seine drei mantra-artigen Grundsätze: »Langfristiges Denken, eine Obsession für Kunden und die Bereitschaft zu erfinden.«[7]

Beschwerdebriefe von Nutzern liest Bezos gerne selbst. Wall-Street-Forderungen nach stetigen Gewinnen ignoriert der Querdenker. Rhetorischer Bullshit ist in den Konferenzräumen von Amazon nicht gefragt. PowerPoint-Präsentationen gibt es nicht. Stattdessen müssen Führungskräfte mehrseitige Texte, genannt »Narratives«, verfassen. Ganze Sätze verlangen nach klarem Denken, so Bezos' Überlegung. Egal auf welcher Hierarchieebene: Zu Beginn jedes Meetings werden die zu diskutierenden Berichte studiert – in Stille. Denn: »Der Akt des gemeinsamen Lesens garantiert die ungeteilte Aufmerksamkeit der Gruppe.«[8]

Der Erfolg gibt Jeff Bezos' ungewöhnlichen Methoden schon lange recht. Seit Jahren gewinnt das Unternehmen an Wert. Das Produktportfolio wächst stetig. Es reicht vom klassischen Online-Handel über eigene Tablet-PCs bis hin zu gewerblichen Web-Dienstleistungen. Nach dem Tod von Steve Jobs ist Bezos so zum wichtigsten Idol und Rollenmodell für Start-up-Gründer weltweit geworden.

Das perfekte Gegenbeispiel ist – welche Ironie des Schicksals – Michael Porters eigene Strategieberatungsfirma, die Monitor Group. Sie ging 2012 pleite und wurde von der Wirtschaftsprüfungsgesellschaft Deloitte übernommen.[9] Böse Zungen behaupten, die Verantwortlichen hätten ihre eigene Branche nicht ausreichend analysiert.

Wer Management mit Analysieren gleichsetzt, hat schon verloren. »Gute Tabellen machen schlechte Strategien«.[10] Die klingenden Werkzeuge von McKinsey und Konsorten mögen Sicherheit in einer gefährlichen Welt versprechen, doch in Wahrheit ist nichts gefährlicher, als allein ihnen zu vertrauen. Der Beratersprech, die absurde Rhetorik der Großstrategen, ist nur die Oberfläche einer durch und durch technokratischen Weltsicht. Intuition, Empathie und Vorstellungskraft, so lauten die wahren Garanten des wirtschaftlichen Erfolgs. Doch der buchhalterische CEO braucht Pseudo-Wissenschaft, um nachts gut zu schlafen. Das freut vor allem die PowerPoint-Blender und Excel-Jongleure. Ihr Geschäft mit dem Bullshit Bingo ist gesichert.

Die kaputte Elite hat sich ihre eigene Führungslogik erschaffen. Falsche Methoden sind letztlich Ausdruck von falschen Werten. Großstrategisches Wirtschaftsschach, davon bin ich überzeugt, hat nichts mit Unternehmertum zu tun.

Where to play and how to win

Falsche Mentalitäten schaden der Gesellschaft

Where to play and how to win [(h)weəʳ tu: pleɪ ænd haʊ tu: wɪn] = Beraterbezeichnung für die strategische Entscheidung, in welchen Märkten (»where«) und auf welche Weise (»how«) eine Firma konkurrieren will.

São Paulo. Eines der gehobenen Geschäftsviertel der Stadt. In einem Konferenzraum im obersten Stock eines unscheinbaren Büroturms besprachen wir die Zukunft der lateinamerikanischen Märkte. Die Möbel vibrierten, wenn wieder ein landendes Flugzeug über unsere Köpfe hinwegdonnerte. Im Zentrum der brasilianischen Ökonomie gibt es zu wenig Platz, selbst für den Flughafen. Während die CEOs von jungen Konsumgesellschaften und Millionen neuen Kunden träumen, kämpfen die Megastädte der Schwellenländer mit den Folgen des Wachstums. Das Meer aus grauem Beton ist ein produktiver Moloch. Elf Millionen »Paulistas« arbeiten an ihrem Wirtschaftswunder. In Rio tanzt man Samba, in São Paulo verdient man Geld – und das nicht zu knapp.

Unser Kunde hatte seine wichtigsten regionalen Manager eingeladen. Die Führungskräfte saßen in großen Ledersesseln rund um einen massiven Holztisch. Sie sollten diskutierten, wie man die neuen Konsumenten südlich des Äquators mit geeigneten Produkten versorgen könnte. Der Leiter des Projekts, ein amerikanischer Partner, machte den Anfang. Er präsentierte einige »Best Practices«, wegweisende Vorbilder in Sachen Schwellenland-Strategien: Unilever zum Beispiel verkauft den Armen kleinere Packungsgrößen,[1] und Nestlé schickt eigene Verkaufsagenten zum Tür-zu-Tür-Vertrieb in die Favelas.[2]

Zwei Tage zuvor war ich damit beauftragt worden, eine Handvoll geeigneter Fallstudien zu googeln. Der Partner hielt seinen Vortrag mit Hilfe von PowerPoint-Folien, die seine fleißigen Helferlein vor allem auf Grundlage von ein paar Zeitungsartikeln aus dem Internet zusammenkopiert hatten. Für alle Zuhörer, die regelmäßig die Wirtschaftspresse verfolgten, erzählten wir im Grunde nichts Neues. Doch der Kunde schien trotzdem beeindruckt. Was die Berater alles wissen!

So läuft es ab, das weltumspannende Wirtschaftsschach. Das Geschäft mit den Folien ist global und digital. Die strategischen Einsichten von »vor Ort« wurden direkt an die Firmenzentrale in Europa weitergeleitet. Dort machte man sich dann Gedanken, wie die internen Kapitalströme umzuleiten seien. Die »Master of the Universe« sind vor allem Herren über die vielen Geldtöpfe. Hier ein bisschen weniger, dort ein bisschen mehr. Die Summen, um die es geht, sind größer als so manches Bruttoinlandsprodukt. Und sie haben enorme Auswirkungen.

Gutes Management, schlechtes Management

CEOs beeinflussen den Wohlstand der Nationen nicht nur geografisch. Mit ihren Entscheidungen prägen sie unser tägliches Leben. Mit den Taktiken ihres Wirtschaftsschachs beeinflussen sie den Charakter unserer Volkswirtschaft. Und das nicht immer zum Guten.

Nehmen wir zum Beispiel die Pharmaindustrie. Hier ist Fortschritt lebenswichtig. Wir alle brauchen neue und bessere Präparate. »Forschung ist die beste Medizin«, lautete einst der Slogan des Verbands forschender Arzneimittelhersteller.[3] Richtig. Umso schlimmer, wenn die eigene Maxime für manche Pharmaunternehmen keine Bedeutung mehr zu haben scheint.

Die Branche steht vor gigantischen Herausforderungen. Der Patentschutz vieler sogenannter Blockbuster, also von Medikamenten mit mehr als einer Milliarde Jahresumsatz, läuft aus. Insider sprechen von einer gefährlichen Patent-Klippe, die den großen Pharma-Produzenten leicht zum Verhängnis werden kann. Die Erforschung neuer Arzneimittel wird immer teurer. Anforderungen der Behörden in Sachen Wirksamkeit und Nutzen werden immer größer, und die Zeiten der einfachen Labor-Erfolge scheinen vorbei. Dazu kommt ein immer stärkerer Kostendruck in den Gesundheitssystemen. Waren in der Vergangenheit noch Preissteigerungen ein Garant für Wachstum, setzt in Zeiten leerer Sozialkassen niemand mehr auf teurere Pillen. Die goldene Ära des »Big Pharma«, die sprichwörtliche Lizenz zum Gelddrucken, ist Geschichte.

Einzelne Anbieter reagieren ganz unterschiedlich auf diese Entwicklungen. Das US-Unternehmen Pfizer, der umsatzstärkste Pharmakonzern der Welt, ist massiv von der Patent-Klippe betroffen. Ihn kostet allein der ausgelaufene Schutz seines Cholesterin-Senkers Lipitor bis zu 13 Milliarden Dollar an jährlichen Einnahmen.[4] Das Management reagierte zunächst mit aggressiven Zukäufen. 2009 erwarb Pfizer den Biotech- und Generika-Experten Wyeth für 68 Milliarden Dollar.[5] Die Integration der beiden Organisationen wurde zu einem der größten Projekte der Boston Consulting Group. Daneben übernahm Pfizer noch weitere Pharma- und Biotechfirmen. Die Einkaufstour kostete viel Geld. Das sparte man ausgerechnet bei der Forschung wieder ein. Anfang 2011 kündigte CEO Ian Read an, die Entwicklungsausgaben um ein Drittel zu kürzen.[6] Wissenschaftliche Standorte wurden geschlossen oder massiv verkleinert, so auch der legendäre Discovery Park in Sandwich, Großbritannien (die Geburtsstätte der Viagra-Pille).[7] Gigantische Akquisitionen statt effizienter Innovationsarbeit – »ein fataler Schritt für ein Unternehmen, dessen größte Umsatzbringer bislang aus den eigenen Forschungslaboren kamen«.[8] Um den ehemaligen Giganten an der Börse wieder attraktiv zu machen, folgt nun genau das Gegenteil: die Aufspaltung der Organisation. Nestlé erwarb 2012 Pfizers Ernährungssparte für knapp 12 Milliarden Dollar,[9] 2013 wurde die tiermedizinische Division unter dem Namen »Zoetis« an die Börse gebracht.[10] Kaufen, Verkaufen und Kürzen, das scheint momentan die Hauptbeschäftigung der Pfizer-Führung zu sein. Banker und Berater lachen sich ins Fäustchen. Wie sich die Mitarbeiter dabei fühlen müssen, mit welcher Motivation die angestellten Biologen, Chemiker und Mediziner noch ihren Versuchsreihen nachgehen, kann man sich leicht denken.

Ganz anders sieht die Lage beim Schweizer Wettbewerber Roche aus. Dort sind die Entwicklungsausgaben über die letzten Jahre konstant hoch geblieben. Kein anderer Medikamenten-Hersteller gibt mehr Geld für Forschung aus – rund 10 Milliarden Franken jährlich.[11] Dabei fokussiert man sich vor allem auf die Bekämpfung von Krebs. »Roche bleibt ein auf Innovation ausgerichtetes Unternehmen«, bekräftigte CEO Severin Schwan dem *Handelsblatt*.[12] Auch unternehmenskulturell gibt es große Unterschiede zur Konkurrenz. Berater werden selten engagiert. Bei Roche soll keine »aggressive Karrierekultur«, sondern ein allgemeines »Wohlfühlklima« herrschen. Man gibt sich Mühe, »Mitarbeiter mit ihrem Wissen möglichst lange im Konzern zu halten«.[13]

Das scheint sich auszuzahlen. Im Produktportfolio befinden sich vergleichsweise neue Präparate, deren Umsatzwachstum andere Firmen neidisch macht. Nur wenigen von Roches »Blockbustern« droht Konkurrenz.[14] Die Presse jubelt: »Roche sieht sich dank einer prall gefüllten Medikamenten-Pipeline im Branchenvergleich gut aufgestellt und dem Preisdruck weniger ausgesetzt als Mitbewerber.«[15]

Fazit: Die einen setzen auf aggressive Übernahme-Strategien, die anderen auf Exzellenz in Sachen Neuentwicklungen. Es ist das Spiel »Forscher gegen Investmentbanker«. Natürlich ist ein einseitiger Onkologie-Fokus nicht frei von

Risiken. Auch Roche hat in seinen Laboren teure Rückschläge hinnehmen müssen, ist wie alle gezwungen, effizienter zu werden. Niemand kann sagen, ob den Schweizern in Zukunft wissenschaftliche Durchbrüche gelingen werden. Und doch ist klar, welche Strategie für Mitarbeiter und Kunden von größerem Nutzen ist.

Nicht nur in der Pharmaindustrie gilt: Wenn Strategie zu einer Art Schachspiel wird, schadet das sowohl der eigenen Firma als auch der Allgemeinheit. Die Methoden und Denkweisen der kaputten Elite schaffen Unternehmen, die wir so nicht brauchen.

Ein falsches Dogma

In den achtziger Jahren setzte sich eine fatale Logik durch: Das Konzept des »Shareholder Value«, der vielleicht menschenfeindlichste Irrglaube der letzten Dekaden. »In dieser Zeit des schnellen Wandels«, schreibt Harvard-Business-School-Absolvent Walter Kiechel, »wurde klar, welches Ziel Manager und Strategien verfolgen sollten: Wohlstand für die Aktionäre zu schaffen. Die Idee war nicht neu – sie lag schon der Finanzierung der Seeräuberei im 19. Jahrhundert zugrunde.«[16] Seitdem geht es den CEOs dieser Welt vor allem um eines: maximalen Profit im Quartalsrhythmus.

In Deutschland ist der Begriff Shareholder Value schon länger ein Synonym für rücksichtslosen Raubtierkapitalismus. »Nimmt die Tyrannei des Shareholder Value endlich ein Ende?«, fragte *Forbes* im August 2012.[17] Meine Antwort: Nein. In den Köpfen vieler Entscheidungsträger und in den Folien der Unternehmensberater ist sie immer noch quicklebendig.

»Unsere Klienten übertreffen den Markt 4:1«, heißt es bei Bain & Company stolz auf der Website. Was damit gemeint ist: Die Aktien der Bain-Kunden entwickeln sich im Schnitt viermal besser als der Börsenindex S&P 500.[18] Was die »Bainies« wahrscheinlich damit sagen wollen: Wenn du, lieber Executive, uns anheuerst, wird dein Börsenkurs ebenfalls durch die Decke gehen! Der Werbespruch der Firma beweist, dass sich anscheinend sowohl Manager als auch Consultants immer noch am liebsten an der Entwicklung der Aktienkurse messen lassen.

Berater wie CEOs versprechen auch nach der Finanzkrise unrealistische Wachstumsraten, hartes Kostenmanagement und immer effizientere Prozesse – alles nur, um die Preise der Anteilsscheine zu beflügeln. Das Dogma lebt. Im Shareholder-Value-Ansatz kommt die ganze mathematische Beschränktheit der ökonomischen Lehre und ihrer Jünger zum Vorschein. Einer seiner geistigen Väter, der Ökonom Michael Jensen (ebenfalls aus Harvard und zuletzt Managing Director bei Porters insolventer Unternehmensberatung Monitor), beschrieb einmal, weshalb es logisch unmöglich sei, mehr als eine Dimension zu maximieren: »Zweckmäßiges Handeln verlangt nach einer einzigen Zielfunktion.«[19] Man muss sich also entscheiden, im Leben wie im Management. Entweder für die Gesellschaft, die Mitarbeiter, die Kunden oder eben die Aktionäre. Für den logisch denkenden CEO fällt die Wahl auf die Shareholder, die Investoren. Dass das ganz sicher kurzsichtig ist, fällt ihm nicht ein. So entsteht eine Gesellschaft, »die auf Ausbeutung gründet – sowohl von Menschen als auch von Institutionen«.[20]

Ganz gleich, in welcher Branche: Unternehmen sollen heute zum Wohle der Aktionäre vor allem »lean« und »mean« sein, schlank und rank. Vier von fünf deutschen Unternehmen setzen auf Kostensenkung zur Steigerung des Profits.[21] Egal wo, die letzten Reserven und Puffer werden angezapft – Effizienz ist alles. Doch je effizienter eine Organisation ist, desto anfälliger ist sie auch für Schwankungen und desto höher sind die Kosten von Management-Irrtümern.[22] Die kaputte Elite vergisst: »Das englische Wort lean bedeutet auch ›hager‹. Züchten wir uns also bulimische Unternehmen heran, die so ›produktiv‹ sind, dass sie irgendwann unter dem Gewicht ihrer ausgebrannten Manager, verärgerten Arbeitnehmerschaft und verbrauchten Technologien zusammenbrechen?«[23] Vieles deutet darauf hin, vor allem in den börsennotierten Konzernen. Stellenstreichungen kommen bei Anlegern immer gut an. Das Resultat: »Die Großen sind Meister im Sparen. Die Kleinen sind besonders innovativ.«[24] 85 Prozent aller neu geschaffenen Arbeitsplätze in der EU entstanden zwischen 2008 und 2010 in kleineren und mittleren Unternehmen.[25]

Was wären wir ohne den berühmten Mittelstand! Keine andere Volkswirtschaft erfreut sich eines derart starken industriellen Rückgrats. Rund 10 000 Unternehmen mit mehr als 50 Millionen Euro Jahresumsatz formen den sogenannten gehobenen Mittelstand.[26] Diese Betriebe trotzen dem Wahnsinn der Finanzmärkte. In der Krise waren sie das Erfolgsgeheimnis unseres Landes. Hier werden Werte gelebt, die auch Globalisierungskritiker einfordern.

Für viele Mittelständler ist Shareholder Value ein Fremdwort. Sie stehen für einen alternativen und gleichzeitig ökonomisch überlegenen Kapitalismus. Ihre technischen Produkte erobern die Weltmärkte von Nanjing bis São Paulo. Aber nicht McKinsey-Partner und Kapitalstruktur-Optimierer, sondern Familien und produktverliebte Ingenieure sind ihre treibende Kraft. Es sind diese Unternehmen, die zeigen, wie sich Nachhaltigkeit mit wirtschaftlichem Erfolg verbinden lässt. Ihre Eigentümer verfolgen nicht nur monetäre Ziele, sie denken in Generationen, nicht in Quartalen, und sie tragen die ökonomische und soziale Verantwortung für ihr Tun.

Die »Hidden Champions« sind das ökonomische Aushängeschild Deutschlands. Es sind Organisationen, deren Anteilsscheine in anderen Ländern, insbesondere in finanzmarktorientierten Volkswirtschaften wie den USA oder Großbritannien, längst frei gehandelt werden würden. Diese unbekannten Helden sind Firmen wie der Medizintechnik-Anbieter Storz aus Tuttlingen im südlichen Baden-Württemberg, der Landmaschinenhersteller Grimme aus Damme in

Niedersachsen oder der Werkzeugmaschinenbauer Trumpf aus Ditzingen bei Stuttgart. In der Provinz lebt und gedeiht der bundesrepublikanische Export-Traum.

Beispiel Trumpf. Das Hochtechnologie-Unternehmen ist Weltmarktführer in Sachen Industrielaser. An der Spitze des schwäbischen Familienunternehmens steht eine Frau, noch dazu eine Geisteswissenschaftlerin und Vierfach-Mutter. Nicola Leibinger-Kammüller gilt als Vorzeigeunternehmerin. Sie wird in der Presse als »beispielhaft zurückhaltend, bescheiden, integer« beschrieben. Ihr Vater, Berthold Leibinger, gilt als genialer Ingenieur, Firmenpatriarch und »Ikone des Mittelstands«.[27]

Die Tochter hatte den Betrieb 2005 übernommen. Ehemann und Bruder leiten heute jeweils einzelne Geschäftsbereiche. »Die Leibingers sind ein besonderer Clan«, schreibt das *manager magazin*. »Mit engem Zusammenhalt und eisernen Regeln. Es fallen Worte wie Demut. Bescheidenheit. Ehrlichkeit. Integrität.«[28] Jedes Familienmitglied unterschreibt mit 16 Jahren einen Kodex. Darin geht es ums Maßhalten, so Leibinger-Kammüller.[29] Die promovierte Philologin setzt sich auch außerhalb der Firma für Nachhaltigkeit und gesellschaftliche Verantwortung ein. Als Geschäftsführerin der Berthold Leibinger Stiftung widmete sie sich vor ihrer Rolle als Konzern-Chefin unter anderem der Förderung von Kirchenmusik und der Renovierung von Gotteshäusern. Zusammen mit anderen Unternehmern und einigen Managern erarbeitete sie 2010 das »Leitbild für verantwortliches Handeln in der Wirtschaft«.

Inspirieren lässt sich Nicola Leibinger-Kammüller auch

von der Literatur. Thomas Manns Familien- und Unternehmerdrama *Buddenbrooks* will sie mindestens 20-mal gelesen haben.[30] »Sie werden lachen«, sagt sie, »wenn Sie sehen, mit wie vielen Konstellationen Sie im unternehmerischen Alltag konfrontiert werden, die Sie aus manchem Werk der Weltliteratur kennen.«[31] Und so wundert es auch nicht, dass sich die Schwäbin mehr Geisteswissenschaftler in den Chefetagen wünscht: »Weil sie einfach andere Ansätze haben, anders fragen.«[32]

Über 9000 Angestellte hat Trumpf mittlerweile, 1000 davon sind in den letzten Jahren neu hinzugekommen.[33] Und mit denen geht die Firma gut um. In Krisenzeiten, Anfang der neunziger Jahre, hatte man einmal 41 Leuten kündigen müssen. »Das geht meinem Vater noch heute nach«, so Leibinger-Kammüller.[34] Von den Banken waren damals mehr als 400 Stellenstreichungen verlangt worden. Berthold Leibinger weigerte sich. Das brachte ihm bei der Belegschaft Respekt ein. »Mein Vater konnte sich völlig anders hinstellen als diese angestellten Manager mit ihren Millionenabfindungen. Der entlässt nicht Leute und kauft sich am nächsten Tag ein neues Auto.«[35]

2011 führte Trumpf ein revolutionäres Arbeitszeitmodell ein. Mitarbeiter können seitdem alle zwei Jahre selbst entscheiden, wie viel sie arbeiten wollen, und werden entsprechend bezahlt. 15, 25, 30 oder 40 Stunden. So lauten die neuen Optionen in der Vereinbarung mit Belegschaft und IG Metall.[36] »Standard-Arbeitsverträge werden der komplexen Lebenswirklichkeit nicht mehr gerecht«, sagt die Chefin.[37] Einer vierfachen Mutter nimmt man das tatsächlich ab.

Manchmal liegen gut und böse – zumindest geografisch – nah beieinander. Gar nicht weit von Trumpfs Zentrale in Ditzingen spielte sich eine ganz andere Firmengeschichte ab. Der legendäre Modelleisenbahnhersteller Märklin aus Göppingen wurde von Finanzinvestoren und Beratern buchstäblich ausgenommen. 2006 übernahmen der britische Fonds Kingsbridge Capital und Goldman Sachs das Traditionsunternehmen. Nach Jahren der sinkenden Umsätze und zunehmenden Verluste stand der Betrieb kurz vor der Insolvenz. Märklins Problem: Modelleisenbahnen werden vor allem von älteren Sammlern gekauft, junge Kundschaft rückt kaum nach.

Die neuen Eigentümer traten als harte Sanierer auf. Sie holten die auf Turnaround-Fälle spezialisierte Beratungsfirma AlixPartners ins Haus. Angestellte wurden entlassen und große Teile der Produktion nach Ungarn und China ausgelagert. »Chief Restructuring Officer«, also Chef-Restrukturierer wurde Ulrich Wlecke, ehemaliger Top-Berater bei Roland Berger. Zur Unterstützung des Managements wurde ein Beirat gebildet, an dessen Spitze ein ehemaliger McKinsey-Partner stand. Doch das alles half nichts.[38]

Statt entscheidende strategische Weichenstellungen zu setzen, beschränkte man sich auf Standard-Maßnahmen aus der BWL-er-Trickkiste. »Die zumeist branchenfremden Manager wollten sich von den Leuten, die das Geschäft mit Modelleisenbahnen aus dem Effeff kennen, nicht viel sagen lassen.«[39] Die Emotionalität der Produkte verstand man bis zum Ende nicht. Das Investment war weit davon entfernt, eine »Herzensangelegenheit« zu sein.[40] Und so kam es, wie es kommen musste. Anfang 2009, ausgerechnet zum 150. Firmenjubiläum, strichen die Banken die Kredite. Märklin meldete Insolvenz an.

Das Ruder übernahm der Insolvenzverwalter Michael Pluta. Was er in den Büchern sah, entsetzte ihn. Seit der Übernahme wurden »systematisch Millionen Euro abgesaugt – durch hohe Geschäftsführer- und Aufsichtsratsbezüge, teure Darlehen, Bestandsverminderungen zu Schleuderpreisen und horrende Beraterhonorare«.[41] Von 2006 bis 2009 erwirtschaftete Märklin einen Verlust vor Steuern von rund 51 Millionen Euro, zahlte externen Beratern aber gleichzeitig Rechnungen von knapp 37 Millionen Euro.[42] Plutas Kommentar: »Da tränen einem die Augen.«[43] Eine seiner ersten Amtshandlungen: Alle Berater raus. Denn ohne sie »wäre die Firma nicht pleite«.[44] Mathias Hink, Fondsmanager des Investors Knightsbridge Capital, fällt dazu im Interview mit dem *Handelsblatt* nicht viel ein: »Märklin ist ein ganz spezielles Unternehmen mit einer eigenen, schwierigen Kultur. Das haben wir unterschätzt.«[45]

Heute, mehr als vier Jahre nach der Pleite, hat Märklin wieder Grund zur Hoffnung. Ende 2011 wurde das Insolvenzverfahren aufgehoben. Im gleichen Jahr machte das Unternehmen einen Gewinn von 12 Millionen Euro. Das China-Engagement wurde beendet. Man setzt stattdessen wieder auf das Stammwerk in Göppingen.[46] Im Frühjahr 2013 übernahm der Spielwarenhersteller Simba Dickie das Unternehmen.[47] Vielleicht ein Happy End.

Die verlorene Ehre des Kaufmanns

»Die größte Gefährdung von Freiheit und Wohlstand kommt derzeit von ihren größten Verbündeten, den Kaufleuten.« Das behauptet ausgerechnet ein Manager, Mathias Döpfner.[48] 2009 schrieb Lord Ralf Dahrendorf – Soziologe, Politiker und ehemaliger Direktor der London School of Economics – seinen letzten Essay über die »verlorene Ehre des Kaufmanns«. Im Lichte der noch jungen Finanzkrise erkannte Dahrendorf: »So wie das vorherrschende soziale Klima sich vor 20 Jahren verändert hat, muss es sich erneut ändern. Hier liegt die Aufgabe für alle tonangebenden Gruppen.«[49]

Diese »tonangebenden Gruppen« sind nichts anderes als unsere Chefetagen. Was dort alltäglich passiert, ist – entgegen der Meinung mancher Populisten – (meistens) völlig legal. Ich habe weder auf der Business School noch im Job je etwas erlebt, das einen Staatsanwalt auch nur im Ansatz interessiert hätte. Natürlich sind unsere Zeitungen voll von Berichten über Wirtschaftsskandale und verbrecherische Halsabschneider. Dass sich diese Ereignisse häufen, ist sicher auch die Folge einer ethischen Verrohung der kaputten Elite. Doch falsche Werte und gefährliche Mentalitäten können für unsere Wirtschaft weit gravierendere Folgen haben als ein paar echte Gauner in Nadelstreifen. Verantwortliches Handeln, langfristiges Denken und die Berücksichtigung aller Stakeholder sind Management-Tugenden, die es wiederzuentdecken gilt.

»Where to play and how to win« – es sind Fragen der Unternehmenskultur und des Wertesystems. Erlöse lassen sich auf ganz unterschiedliche Art und Weise erwirtschaften. Unternehmen lassen sich so oder so führen. Die Firmen Trumpf und Roche zeigen, wie es geht. Sie setzen konsequent auf Forschung, Innovation, denken langfristig und behandeln ihre Mitarbeiter ordentlich. Die Fälle Pfizer und Märklin sind dagegen abschreckende Beispiele eines falschen und bisweilen gefährlichen Führungs-Verständnisses.

Unternehmertypen wie Nicola Leibinger-Kammüller beweisen: Die Tonart einer Volkswirtschaft wird geprägt durch ihre Eliten. Die deutschen Mittelständler vereinen Menschlichkeit und Profit. Sie sind das krasse Gegenteil der kaputten Elite. Doch in vielen Organisationen halten sich die falschen Mentalitäten hartnäckig. Und das hat ganz praktische – personelle – Gründe.

People Business

Uniformität ist gefährlich

People Business ['pi:pļ 'bıznıs] = Beraterbezeichnung für Branchen, in denen vor allem persönliche Kontakte und Netzwerke der entscheidende Erfolgsfaktor sind.

München, Office Friday. Immer wenn sich der Monat dem Ende zuneigte, wiederholte sich das Spiel. Die »Goodbye all«-E-Mails trudelten ins Postfach. Virtuelle Abschiedsbriefe an den gesamten Firmen-Verteiler sind für jeden Aussteiger ein Muss. Nicht wenige machen sich monatelang Gedanken, wie ihre letzten Worte an die Kollegen lauten sollen.

Die Nachrichten lassen sich in drei Kategorien einteilen. (»Alle guten Dinge sind drei«, lehrte mir ein Partner schon in den ersten Wochen: »Drei Gründe, drei Faktoren, drei Kategorien. Zähle bis drei, und deine Antwort ist strukturiert.«) Eher selten ist Variante eins: »Entnervt und froh, dass es nun vorbei ist.« Sie kommt meistens von Kandidaten, denen man zuvor die Kündigung sehr nahegelegt hat oder die von ihrem Arbeitgeber auf eine andere Art und Weise enttäuscht sind. Zwischen den Zeilen liest sich hier der offene Protest:

»Nach sehr lehrreichen Projekten will ich nun auch mal selbst Verantwortung übernehmen und mache mich selbstständig. Es würde mich freuen, mit dem einen oder anderen in Kontakt zu bleiben …«

Die zweite, schon etwas häufiger vorkommende Art des kollektiven Farewell lässt sich am besten als »sachlich und knapp« beschreiben. Motto: Schreiben kostet Zeit, und Zeit ist Geld:

»Liebe Freunde, ab dem xx.yy.zzzz arbeite ich da und da. Ihr erreicht mich unter so und so oder bei Xing.« Der Verfasser verschleiert seine Gemütslage.

Am häufigsten ist jedoch Kategorie drei: »Es ist so traurig, dass es jetzt vorbei ist. Nun hat mein Leben keinen Sinn mehr.« Diese rosaroten Schmalz-E-Mails erstrecken sich gerne über mehr als eine Seite. Hier die prototypische Kurzfassung:

»Dear all, irgendwann hat jeder Aufstieg mal ein Ende. Mit zwei weinenden Augen möchte ich mich bei allen Kollegen bedanken, die mir je begegnet sind. Ich werde die besonderen Team-Momente nie vergessen. Damals, als wir uns eine Woche lang nur von Bestell-Sushi ernährt haben, oder jene Nacht, in der wir zusammen 150 Folien gemalt haben (die es am Ende aber doch nicht in die finale Präsentation schafften).

Die vergangenen Jahre waren echt der Knaller. Auch wenn es manchmal challenging war, am Ende haben wir immer echte Mehrwerte für den Kunden geschaffen – davon werde ich noch lange träumen. Ganz besonders möchte ich mich aber bei den Partnern X und Y bedanken sowie bei meinen Projektleitern A und B und C. Ihr seid die coolsten Typen, die ich je getroffen habe. Denn ihr habt mir beigebracht, was es heißt, Results zu delivern.

Ab nächster Woche arbeite ich als Vice President Strategy

and Global Conquest im Konzern so und so. Ich werde euch alle vermissen. Keep delivering! Keep the spirit up! You are so unique! We rock the market!«

Eine ehrenwerte Gesellschaft

Die Fluktuation bei McKinsey und Konsorten ist gigantisch und gewollt. »Managed attrition« lautet der englische Fachbegriff für den geplanten Abgang von Mitarbeitern. Die meisten bleiben nur ein paar Jahre. Lediglich zwei von zehn werden irgendwann Partner.[1] »Good night and good luck«, heißt es für manche schon nach wenigen Monaten.

Tatsächlich sind Firmen wie die Boston Consulting Group oder Bain für die meisten ganz bewusst nur ein beruflicher Zwischenstopp nach der Universität. Schnell viel Geld verdienen, lernen, strukturiert zu arbeiten, und dann ab in die Industrie oder gleich das eigene Start-up gründen. »Wir sind kein Lifetime-Employer«, heißt das im Beratersprech.[2]

Richtig ist: Die Unternehmensberatung dient als gigantisches Karrieresprungbrett. Mit einem Rollkoffer-Diplom von einer renommierten Adresse bewirbt es sich ganz anders. Kein Personaler fragt sich mehr, ob man wohl Kopfrechnen kann oder wie es mit der Motivation ausschaut, abends zur Not auch länger am Schreibtisch zu sitzen. »Es scheint ein bisschen so wie in der Waschmittelwerbung der siebziger Jahre: McKinsey – da weiß man, was man hat.«[3] Sicherlich, nicht jeder Ex-Mecki macht Karriere. Aber die Chancen stehen nicht schlecht. Viel wird getan, um die Kollegen erfolgreich unterzubringen. Und je mehr Ehemalige in Top-Positionen arbeiten, desto größer sind die Chancen, dass diese später selbst zu guten Kunden werden. Alumni-Vereine sind nicht zuletzt auch Vertriebsinstrumente. Den Kontakt zu den früheren Angestellten nicht abreißen zu lassen ist für die großen Strategieberatungshäuser deshalb ein entscheidender Teil des Geschäfts.

»Willkommen im globalen Alumni-Netzwerk!«, hieß es in einer E-Mail, die mich kurz nach meinem letzten Arbeitstag erreichte. Monatlich erhält man als Ehemaliger einen Newsletter mit aktuellen Jobangeboten und Neuigkeiten aus dem Netzwerk. Wer arbeitet nun wo, wer hat geheiratet, wer Kinder bekommen. Große Konzerne suchen Strategiechefs, Direktoren oder Verkaufsleiter. Die aufgelisteten Positionen sind besser als in jedem Job-Portal. Selbst Unternehmensgründer sehen sich auf diese Weise nach Co-Foundern um. Dazu kommen regelmäßig Einladungen zu speziellen Alumni-Veranstaltungen. Bei einem gemeinsamen Frühstück oder Cocktails werden dann zum Beispiel Vorträge über die neuesten Management-Innovationen oder aktuelle ökonomische Entwicklungen gehalten. Wie im Militär gilt: Der Veteranen-Status ist bisweilen deutlich angenehmer als der aktive Dienst.

Nicht nur Strategieberatungen, auch Investmentbanken oder Business Schools kümmern sich ausgesprochen gut und erfolgreich um ihre früheren Schäfchen. Die Clubs der Ehemaligen sind die mächtigsten Vereine der Welt. Ihre Mitglieder kontrollieren Großkonzerne, Finanzimperien, aber auch internationale Organisationen und Ministerien.

Sie sind verantwortlich für das Wohl von großen Teilen der Menschheit. Beispiel McKinsey: Von den weltweit 25 000 Alumni besetzen circa 7000 höchste Führungspositionen. 200 McKinsey-Absolventen leiten Firmen mit mehr als einer Milliarde Umsatz pro Jahr. Allein die erfolgreichsten fünf sind verantwortlich für mehr als 400 Milliarden Dollar an jährlichen Einnahmen. Sie führten Anfang 2013 den Flugzeughersteller Boeing, den Rohstoffmulti BHP Billiton, den italienischen Ölkonzern Eni, den Mobilfunkanbieter Vodafone sowie die Deutsche Post.[4]

Der Einfluss der Meckies auf Vorstände, Politiker und sogar Kirchenfürsten wächst beständig. William Hague, bis Sommer 2014 britischer Außenminister, Susan Rice, die nationale Sicherheitsberaterin von Barack Obama und ehemalige Botschafterin der USA bei den Vereinten Nationen, Adair Turner, langjähriger Vorsitzender der britischen Finanzaufsicht FSA, aber auch Ettore Gotti Tedeschi, der in den Vatileaks-Skandal verwickelte Ex-CEO der Vatikanbank, dienten alle einst der weltgrößten Unternehmensberatung. Genauso übrigens wie der seit Jahren inhaftierte frühere Präsident von Enron, Jeffrey Skilling.[5]

Hierzulande sitzen bis jetzt »nur« in jedem dritten DAX-Vorstand ehemalige McKinsey-Berater.[6] Zu den prominenteren zählen neben Post-Chef Frank Appel der oberste Commerzbanker Martin Blessing, Allianz-Finanzvorstand Oliver Bäte, Daimler-Trucks-Chef Wolfgang Bernhard, Deutsche-Bank-Vorstand Stephan Leithner und die Europachefin der Telekom, Claudia Nemat. Außerhalb des Börsenindexes haben es vor allem der Hypovereinsbank-Boss Theodor

Weimer und der bereits erwähnte Goldman-Banker Alexander Dibelius zu größerer Bekanntheit gebracht.[7]

Geradezu harmlos ist das McKinsey-Netzwerk aber im Vergleich zu jenem der Investmentbank Goldman Sachs. Das Prinzip »Drehtür« ist im Fall der legendärsten aller Investmentbanken offensichtlich. Die mächtigsten Goldmänner wechseln munter zwischen den Welten der Regulierer und der Regulierten hin und her.[8] Viele Protagonisten der Finanzkrise standen einst im Dienste des umstrittenen Finanzinstituts: EZB-Präsident Mario Draghi, der ehemalige US-Finanzminister Hank Paulson, der letzte Weltbank-Präsident Robert Zoellick,[9] der Präsident der Federal Reserve Bank von New York, William Dudley,[10] der ehemalige Leiter der griechischen Schuldenagentur Petros Christodoulou,[11] der Vorsitzende des Financial Stability Board* und Gouverneur der Bank of England, Mark Carney,[12] sowie der ehemalige US-Finanzminister und wirtschaftspolitische Berater der Obama-Regierung, Robert Rubin.[13] Vorsitzender von Goldman Sachs International ist der Ire Peter Sutherland, ein ehemaliges Mitglied der Europäischen Kommission und früherer Generalstaatsanwalt von Irland.[14] Managing Director und Partner bei Goldman Sachs ist daneben Gerald Corrigan, einer der Vorgänger von Dudley in der New Yorker Fed-Dependance.[15] Auch der bis Juli 2013 amtierende US-Botschafter in Berlin, Philip D. Murphy, arbeitete früher als Senior Director bei Goldman.

Kapitalismuskritiker und Verschwörungstheoretiker haben

* Die G-20-Organisation zur Überwachung des globalen Finanzsystems.

dank der Verflechtungen der Investmentbanker ein klares Feindbild. »Schon lange sind im Internet über Goldman fast so viele Gerüchte im Umlauf wie über Ufos.«[16] Vielen fällt es schwer zu glauben, dass hinter den massiven Verstrickungen keine aktive Beeinflussung der Politik steht. »Goldman steuert Washington«, titelte schon das *Rolling Stone Magazine*.[17] Zu unbeschadet ist das Finanzinstitut durch die große Krise gekommen, zu hoch waren all die Jahre die Gewinne.

Nicht nur unter Bankern und Beratern scheint zu gelten: Eine Hand wäscht die andere. Die deutsche Wirtschaft gleicht an der Spitze einer geschlossenen Gesellschaft. Ein Blick in den Aufsichtsrat des Pharma- und Chemieherstellers Bayer zeigt exemplarisch, wie das Spiel funktioniert. Dessen Vorsitz hat Werner Wenning inne, bis 2010 selbst CEO. Wenning sitzt auch noch in den Aufsichtsräten von Siemens und E.ON (hier ebenfalls als Vorsitzender) sowie im Gesellschafterausschuss von Henkel.[18] Daneben findet sich im Kontrollgremium der Bayer AG Paul Achleitner, früher Geschäftsführer von Goldman Sachs Deutschland (Vorgänger von Alexander Dibelius) sowie Ex-Finanzvorstand bei der Allianz. Dort gilt er als mitverantwortlich für das Milliardengrab der Dresdner-Bank-Übernahme.[19] Achleitner leitet auch den Aufsichtsrat der Deutschen Bank, hält daneben aber noch Mandate bei Daimler, RWE und im Gesellschafterausschuss von Henkel, so wie auch Wenning.[20] Den Posten bei der Deutschen Bank hatte er 2012 von Clemens Börsig übernommen.[21] Der sitzt auch bei Bayer im Aufsichtsrat, genauso wie bei Linde und – wie Achleitner – bei Daimler. Der ist wiederum nicht nur bei Bayer, sondern auch bei RWE Aufsichtsrats-Kollege eines anderen ehemaligen Top-Managers: Ekkehard Schulz. Der frühere CEO von ThyssenKrupp hält zusätzlich auch noch einen Posten im Kontrollgremium von MAN. Außerdem ist Helmut Panke in der Bayer-Aufsicht tätig. Der frühere Vorstandsvorsitzende von BMW kontrolliert daneben noch die Schweizer Bank UBS, Microsoft und Singapore Airlines. Schließlich arbeiten für die Leverkusener noch Thomas Ebeling, aktueller Chef von ProSiebenSat.1, und Klaus Kleinfeld, ehemaliger Vorstandsvorsitzender von Siemens und heutiger CEO des US-Aluminium-Konzerns Alcoa sowie Mitglied im Board of Directors der Investmentbank Morgan Stanley.[22] Lang lebe der exklusive Club der Aufseher.

Doch haben die globalen Klüngeleien wirklich eine politische Agenda? Dass private Firmen wie Goldman Sachs oder McKinsey die Geschicke des Planeten steuern wollen, klingt kaum überzeugend. Nicht geheime »Verschwörungen« sind das Problem. Die wahre Gefahr geht von etwas ganz anderem aus.

Fatale Uniformität

Die Denkweisen der ehemaligen Berater, Banker und MBA-Studenten prägen Organisationen, Unternehmen und Behörden immer stärker – ganz ohne kollektive Verschwörung. Der Erfolg der Strategieberatungen und Business Schools hat zu einer gefährlichen Standardisierung der Managerkaste geführt. Nach oben kommen immer die gleichen Charaktere. Und wenn sich die Lebensläufe ähneln, dann tun es auch die Arbeitsweisen. Denn wer durch die gleiche Schule geht, lernt, Probleme auf die gleiche Weise zu lösen. Die großen Ehemaligen-Vereine sind vor allem Gemeinschaften der geteilten Eigenschaften.

Es gibt ihn, den Standard-Werdegang. Seine Zutaten lauten: BWL-, Jura- oder Ingenieurs-Examen mit Prädikat. Danach Promotion, vorzugsweise an einem praxisnahen und gleichzeitig mathematisch arbeitenden Lehrstuhl (etwa strategisches Controlling oder Finanzierung). Alternativ zum Doktor bietet sich auch ein MBA-Abschluss von einer der führenden amerikanischen Business Schools an. Es folgen zwei bis fünf Jahre in einer renommierten Unternehmensberatung, am besten eine der drei großen, also McKinsey, Boston Consulting oder Bain. Anschließend sollte der Wechsel in einen Konzern vollzogen werden, idealerweise in eine strategische Stabsstelle direkt unter dem Vorstand. Irgendwann gilt es dann, Budgetverantwortung zu übernehmen. Am besten in einer oder mehreren Auslandsdivisionen. Sehr beliebt sind Asien, USA oder Südamerika. Wer dort seine Sporen verdient hat, kann später zum Bereichsleiter im Hauptquartier aufsteigen. Und von dort ist es bei guter Führung und politischem Geschick gar nicht mehr so weit bis zu einem Vorstandsposten. Wer ab und zu den Arbeitgeber wechselt, kann diesen Prozess beschleunigen. Fertig ist die Muster-Karriere.

Von den Chefs der 30 größten börsennotierten Unternehmen des Landes hatten Anfang 2013 fast die Hälfte BWL studiert, gefolgt von rund einem Drittel Naturwissenschaftler. Die kleinste Fraktion bilden Juristen. Früher war es umgekehrt, heute geht der Trend eindeutig weg von der Rechts- und hin zur Wirtschaftswissenschaft. Geisteswissenschaftler kommen kaum vor unter Deutschlands wichtigsten Managern. Es ist paradox: »Diversity« lautet das beliebteste Schlagwort der Personalchefs. Die Forderungen nach mehr weiblichem und internationalem Führungspersonal werden immer lauter, die Frauen-Quote spaltet das Land. Doch die eigentliche Herausforderung liegt vor allem in der Uniformität der bestehenden Führungsriege. Denn weder Frauen noch Ausländer bringen einen Wandel, wenn weiterhin der Standard-Lebenslauf als das Nonplusultra gilt.

Keine Frage, Deutsche Manager sind extrem gut ausgebildet. Die polyglotten Weltbürger können die Erfolgsfaktoren im chinesischen LKW-Markt im Halbschlaf auflisten. Sie haben Tausende von Cases geknackt und Hunderte von Frameworks angewandt. Das nächste Konzern-Projekt stellen sie in wenigen Tagen auf die Beine. Doch ihr Werdegang macht viele Manager zu Menschen, die gelernt haben, persönliche Risiken zu vermeiden, die lieber das Bestehende optimieren, als Neues zu wagen – extrem intelligent, aber letztlich glatt geschliffen und angepasst.

Unter den DAX-CEOs gibt es nur zwei, die in ihren Lebensläufen eine unternehmerische Tätigkeit angeben: Michael Diekmann von der Allianz und Bill McDermott von SAP.* Der Chef des Münchner Finanzkonzerns ist einer

---

* Der scheidende Telekom-CEO René Obermann betrieb früher ebenfalls seine eigene Firma. Er verlässt den Bonner Konzern jedoch Ende 2013.

der ganz wenigen mit einem nicht ganz so gradlinigen Lebenslauf, zumindest was die beruflichen Anfangsjahre angeht. »Deutschlands mächtigster Manager«[23] studierte erst neun Semester Philosophie und Kunstgeschichte, dann Jura. Diekmann gönnte sich Auszeiten als Abenteurer in Afrika und Amerika, verfasste Reiseberichte. Nach neun Jahren Studium macht sich Diekmann selbstständig, gründet zusammen mit einem Jugendfreund ein auf Reiseliteratur spezialisiertes Verlagshaus. Doch die »Diekman/Thieme GbR« ist nicht sonderlich erfolgreich. Nach fünf Jahren Kampf will Diekmanns Frau, dass sich etwas ändert. Die Zeiten von Unternehmertum und Durchhalten sind von nun an vorbei.

Im fortgeschrittenen Alter von 33 Jahren beginnt Diekmann seine Karriere bei der Allianz – nicht im schönen Hauptquartier am Englischen Garten, sondern in der Hamburger Filiale und im Vertrieb.[24] Diekmann legt trotzdem einen steilen Aufstieg hin. Er wird Vertriebsleiter in Hannover und Köln, baut das Asiengeschäft auf. Zehn Jahre später wird Diekmann in den Zentralvorstand berufen. 2003, mit 48 Jahren, wird er CEO.

Doch neben dem Allianz-Boss sind Charaktere mit Umwegen in der Vita nur höchst selten in der obersten Führungsriege anzutreffen. »Eine regelrechte High-Potential-Manie«[25] in den Personalabteilungen der Unternehmen sorgt schon ganz früh für die Aussortierung von allen mit nicht ganz so stromlinienförmigen Lebensläufen. Studium in Rekordzeit, beste Noten, Auslandspraktika, außeruniversitäre Aktivitäten. Wer die »Kriterien nicht erfüllt, wird in den automatisierten Auswahlverfahren direkt ausgesiebt.

Und wenn dann doch mal ein Exot im Sieb hängenbleibt, bekommt er erst mal einen MBA verpasst.«[26] Selbst Diekmann muss zugeben: »Ich hätte es heute ganz sicher schwerer als 1988.«[27]

Stolpernde Sprinter

Wer auf Einheitlichkeit setzt, bekommt nicht unbedingt die besten Manager. Das zeigen die Geschichten ehemaliger Unternehmensberater, die regelmäßig scheitern, sobald sie echte Verantwortung tragen. Hierzulande zuletzt unter anderem Jürgen Kluge, langjähriger Managing Partner und Leiter von McKinsey in Deutschland. Er wurde Anfang 2010 offiziell an die Spitze des mehr als 250 Jahre alten Familienunternehmens Haniel gerufen. Dessen Aktivitäten reichen vom Pharmagroßhändler Celesio über den Hygienespezialisten CWS-boco bis hin zu einer Großbeteiligung am Kaufhof- und Mediamarkt-Eigentümer Metro.

Wie sich das für einen ehemaligen McKinsey-Mann gehört, waren Jürgen Kluge die nächsten Schritte schon vor Amtsantritt vollkommen klar: die Konzentrationsrisiken im Portfolio reduzieren, die Finanzkraft stärken, entscheidende Zukunftsinvestitionen tätigen und das Unternehmen fit machen für die nächste Generation. Doch dieses Unterfangen erwies sich schwieriger als erwartet. Kluge gelangen keine zukunftsweisenden Akquisitionen.[28] Die Verschuldung Haniels konnte er nicht ausreichend senken. Mit dem Metro-Chef Eckhard Cordes verstrickte er sich in einen Machtkampf, den Posten des Metro-Aufsichtsratschefs musste Kluge deshalb aufgeben.[29] Mit den Einmischungen des Haniel-Familien-Clans kam er nicht zurecht. Nach nur knapp zwei Jahren als CEO kündigte Kluge seinen Rückzug an.

Die Bilanz seines Intermezzos ist ernüchternd. Mehr als 20 Jahre lang war Kluge Unternehmensberater gewesen. Doch bei seiner Premiere in der Wirklichkeit lieferte er nicht genug. *Der Spiegel* konstatiert: »Als Haniel-Chef hatte Kluge zum ersten Mal die Gelegenheit, seine theoretischen Erkenntnisse in die Praxis umzusetzen. Doch er musste erkennen, dass die Realitäten in Unternehmen manchmal doch etwas komplexer sind, er selbst offenbar auch nicht jene Qualitäten hat, die er von anderen einforderte.«[30] Der ausgebildete Physiker kam mit den Irrationalitäten eines Familienunternehmens nicht zurecht. Menschlich habe es nicht gepasst, gesteht der Münchner Headhunter Dieter Rickert der *FAZ*.[31] Er hatte Kluge einst empfohlen. Wie so viele, ist der knallharte Berater ein Theoretiker geblieben, anscheinend nicht geeignet, die Leitung einer lebendigen Organisation zu übernehmen.

Ein ähnliches Schicksal ereilte einen anderen professionellen Folienmaler ohne operative Erfahrung. Franz Koch war CEO des Sportartikel-Herstellers Puma. Nach nur anderthalb Jahren verkündete die Firma im Dezember 2012 die Trennung von ihrem Vorstandsvorsitzenden.[32] Koch war im Alter von 33 zu einem der jüngsten Bosse Deutschlands geworden.[33] Zuvor hatte er als Unternehmensberater bei Oliver Wyman gearbeitet und war 2007 als strategischer Planer zum Sportartikel-Hersteller nach Herzogenaurach gewechselt.[34] Eine Karriere in Rekordzeit.

Koch wollte es wissen, in jeder Hinsicht. Mit dem Fahrrad überquerte er mehrfach die Alpen, in jüngeren Jahren war er deutscher Meister im Feldhockey gewesen.[35] Doch Pläne dekorativ auf Folien darzustellen ist offensichtlich etwas anderes, als diese tatsächlich auch umzusetzen. Seit seinem Amtsantritt ging es bergab. 2012 musste Puma einen Gewinneinbruch vermelden. Allein in den ersten neun Monaten des Jahres ging der Erlös um mehr als 42 Prozent zurück.[36] Natürlich ist zu bezweifeln, ob ein Top-Manager nach so kurzer Zeit im Amt die alleinige Verantwortung für eine unternehmerische Schieflage trägt. Und doch verlor Kochs Arbeitgeber anscheinend ziemlich schnell das Vertrauen in den jungen CEO.

Bei Siemens scheiterten jüngst gleich zwei Technokraten-Manager im Vorstand. Zuerst Barbara Kux, ehemalige McKinsey-Beraterin, bekannt als Deutschlands bestbezahlte Managerin. 2008 hatte man sie als erste Frau in das oberste Gremium des Münchner Industriegiganten geholt. Kux, »distanziert, vorsichtig, formell«,[37] war gekommen, um den Bereich Einkauf und Nachhaltigkeit zu leiten. Mit einem Budget von rund 40 Milliarden Euro ausgestattet, machte sie sich ans Werk.

Doch den hohen Erwartungen ist sie nicht gerecht geworden. Schon vier Jahre später wollte die Firma sie wieder loswerden.[38] Siemens hatte sich ein drastisches Kostenprogramm verschrieben, rund drei Milliarden Euro sollte die gebürtige Schweizerin an Einkaufskosten einsparen. Das gelang ihr anscheinend nicht. Richtig durchsetzen konnte sie sich nie. Nur zu oft rannte sie gegen Wände, machte sich intern nicht viele Freunde. Im November 2012 beendete man das Projekt Kux offiziell. Ihr Vertrag wurde nicht über den Herbst 2013 hinaus verlängert.

Kux' Vorgesetzter, Vorstandschef Peter Löscher, wurde einige Monate später ebenfalls abberufen. Grund: Keine Visionen. Ganz im Sinne der Pseudostrategen war er mehr Portfolio-Manager als »Chef-Siemensianer« gewesen. In seinen sechs Amtsjahren wurde er immer hektischer, kaufte und verkaufte Firmen an einem Stück, versteckte sich hinter Zahlen und Schlagworten und scheiterte dennoch an seinen ehrgeizigen Zielen. Löscher hatte sein Arbeitsleben lang als Vorzeigemanager in der zweiten Reihe agiert, immer auf Achse und mit beruflichen Stationen in Barcelona, Princeton, Tokio, London und New York. Doch letztlich war er eben doch nur eine »emotionslose, zahlenfixierte Management-Maschine« geblieben, so das Urteil der *Süddeutschen Zeitung*.[39]

Die Liste der gestolperten Sprinter lässt sich leicht erweitern. Martin Blessing, Vorstandsvorsitzender der Commerzbank, hatte es einst in nur sechs Jahren zum Partner bei McKinsey geschafft.[40] Den Chef-Banker überholte kurz nach seinem Einstand als CEO die Finanzkrise. Sie traf natürlich nicht nur ihn unvorbereitet. Doch andere Geldhäuser, auch in Deutschland, stehen heute im Vergleich zur Commerzbank deutlich besser da. Die Übernahme der Dresdner Bank erwies sich als zu teures Projekt. Das Kreditinstitut musste teilverstaatlicht werden, schon seit Langem ist der Bund Hauptanteilseigner. Im Januar 2013 kündigte die Bank an, bis zu 6000 Stellen zu streichen.[41] Der einstige Überflieger Blessing ist »entzaubert«[42].

Mit ganz anderen Problemen kämpft Blessings ehemaliger McKinsey-Kollege Torsten Oletzky. Er ist seit 2008 Chef der mittlerweile berüchtigten Ergo-Versicherungsgruppe. Unter ihm folgte bei der Tochter der Münchner Rück ein Skandal dem anderen. Ob Lustreisen für verdiente Versicherungsvertreter, Fehlberatungen oder falsche Abrechnungen von Versicherungsverträgen – der Name Ergo ist zum Synonym für schier unglaubliche Missstände geworden. Oletzky wusste von all dem natürlich nichts. Zwar entschuldigte er sich öffentlich für die Fehlgriffe seines Unternehmens, will aufräumen, der Firma ein neues Image verpassen.[43] Doch glaubwürdig wirkt das nicht. Die *WirtschaftsWoche* wählte den Ergo-CEO deshalb zu den schlechtesten Managern des Jahres 2012 und spottete: »Es ist schon bemerkenswert, wie es Torsten Oletzky geschafft hat, den von ihm geführten Versicherer Ergo kontinuierlich in den Schlagzeilen zu halten. Müssen andere Branchengrößen betteln und barmen, dass sich die Presse überhaupt mit ihren Geschäften befasst, gelang Oletzky das Bravourstück, Ergo mit dem Ruch von Sex und Crime zu ummanteln – und zwar nachhaltig.«[44]

Natürlich gibt es auch Gegenbeispiele. Frank Appel, ebenfalls McKinsey-Alumnus und Vorstandsvorsitzender der Post, scheint einen guten Job zu machen. Und doch ist klar: Wer sich in der operativen Führung nicht von der Denkweise der Folienakrobaten und Bullshit-Rhetoriker lösen kann, hat im Zweifel schon verloren.

Die Dominanz der gefilterten Kandidaten

Zahlreiche Fälle gescheiterter Ex-Berater illustrieren, wie gefährlich das Vertrauen in Standardmanager sein kann. Gautam Mukunda, Führungsforscher aus Harvard, machte sich daran, den Erfolg von Managern, Politikern und Militärs mit unterschiedlichen Lebensläufen zu untersuchen. Das Ergebnis seiner statistischen Auswertung: Stromlinienförmige Biografien sagen nichts über die Fähigkeit zu führen aus. Mukunda beschreibt zwei Arten von CEOs: Die »gefilterten« und die »ungefilterten«. Erstere sind diejenigen, die sich über Jahre hinweg innerhalb einer Organisation oder auf vergleichbaren Posten beweisen konnten. Mit ihnen gehen Firmen ein geringes Risiko ein. Letztere sind dagegen eher unbeschriebene Blätter, meist von außen kommend. »Manager mit einem großen Erfahrungsschatz und Wissensvorsprung«, so Mukunda, »lieferten langfristig eher mittelmäßige Arbeit ab – im Gegensatz zu Seiteneinsteigern.«[45]

Ein Blick auf die Lebensläufe der DAX-Vorstände zeigt: Die allermeisten sind äußerst »gefilterte« Charaktere. Ihr Werdegang entspricht klar dem des Muster-Kandidaten. Auf dem Weg nach oben haben sie durch jede Menge Schablonen gepasst. Laut Mukunda schaffen es solche Manager jedoch oft nicht, neue Wege zu gehen: »Gefilterte Führungskräfte treffen häufig in vergleichbaren Situationen dieselben Entscheidungen. Auch wenn das durchaus gute Entscheidungen sein können – ihrem Führungsstil fehlt es an Wirkungskraft und Exzellenz.«[46] Sicherlich, wer auf Querdenker und Quereinsteiger setzt, der erhält nicht unbedingt einen zweiten Steve Jobs. Im Gegenteil. Die Wahrscheinlichkeit eines Fehlgriffs ist deutlich größer. Klar ist aber auch: Wer nur auf den Durchschnitts-Leader setzt, der erlebt ganz sicher keinen zweiten Steve Jobs.

Alle sprechen von Vielfalt und den Segnungen unterschiedlicher Perspektiven – am liebsten Personalchefs. Jedem scheint klar, dass in komplizierten Zeiten neue Lösungs- und Denkansätze wichtiger sind als je zuvor. In einer weltweiten, von IBM durchgeführten CEO-Umfrage gaben 60 Prozent der Befragten an, dass Kreativität heutzutage die wichtigste Führungsqualität sei.[47] Doch Anspruch und Wirklichkeit klaffen in der kaputten Elite auseinander. Das Fatale an der bestehenden Aufstiegslogik ist: Wer nach oben kommen will, muss lernen, so zu denken wie McKinsey und Konsorten. Wer dies ein Leben lang macht, ist anschließend kaum noch in der Lage, unkonventionelle Entscheidungen zu treffen.

Viel zu selten sind Haltungen wie die von Karl-Ludwig Kley, dem Vorstandsvorsitzenden des Pharmakonzerns Merck. Er sagt: »Gescheiterte Selbstständige oder Leute, die ein Jahr um die Welt gereist sind und mit einem Sack voll Erfahrungen zurückkommen, sind mir oft lieber als Bewerber, die nur die Kurse an der Elite-Uni durchgezogen haben. Die werden bestimmt kein Unternehmen verändern, gar nicht zu reden von der Gesellschaft als Ganzes.«[48] Kley hat selber eine Muster-Laufbahn hinter sich. Er ist Doktor der Rechtswissenschaft, arbeitete für Bayer in Japan und Italien, war später Finanzvorstand bei der Lufthansa.[49] Und doch hat der Merck-CEO genau erkannt, um was es geht. Leute wie er müssen sich in Zukunft durchsetzen, damit »fantasievolle Köpfe künftig in weit stärkerem Maße als bisher die Weltwirtschaft dominieren«.[50] Vielleicht erlebt die Unternehmensberatung dann auch wieder etwas einfallsreichere Abschiedsmails.

Solange sich jedoch die Lebensgeschichten der Konzern-Eliten gleichen wie bisher und »Diversity« auch weiter nur ein hohles Schlagwort ist, bleibt der Wandel eine Vision.

Vision

Battle Call

Ein Wandel ist möglich

Battle Call ['bætḷ kɔːl] = Beraterbezeichnung für eine tägliche Sitzung, die meist am frühen Abend abgehalten wird, um zu besprechen, welche Aufgaben noch am selben Tag zu erledigen sind.

Donnerstag, 20 Uhr 25. Flughafen München, Terminal 2. Die selbst ernannte Elite kehrt zurück von ihrem wöchentlichen Einsatz. Auf den wenigen Metern vom Gate bis zum Taxistand treffe ich ein gutes Dutzend Kollegen.

Leer und erschöpft sind die müden Gesichter. Krawatten wurden schon beim Abflug abgenommen, tief und dunkel sind die Ringe unter den Augen. Der Druck der letzten Tage ist abgefallen – keine Calls und Updates, Briefings und Memos mehr. Nur noch ein Tag im Büro, dann zweimal ausschlafen. Die Excel-Krieger freuen sich auf ihre eigenen vier Wände.

Harte Zeiten verlangen nach harten Maßnahmen. Die Change Agents und Folienakrobaten haben längst realisiert: Globalisierung und Digitalisierung stellen neue Anforderungen an die betriebliche Wettbewerbsfähigkeit. Extreme Komplexitäten bestimmen das Management. Noch nie waren Märkte so kurzlebig. Nie war der Druck größer, innovativer und schneller zu sein als die Konkurrenz. Wer mithalten will, muss gute Nerven haben.

Doch lohnt sich der Kampf? Rennen wir in die richtige Richtung? Die Vagabunden der Business Class wissen es nicht. Denn sie sind blind geworden für das, was um sie herum passiert.

Kein Vertrauen in die Eliten

Unsere Ökonomie erlebt derzeit die schwerste Glaubwürdigkeits- und Stabilitätskrise seit der Großen Depression. Die Menschen sind verunsichert, sie fürchten sich vor der Zukunft. Mehr als die Hälfte aller Deutschen glauben, dass die Soziale Marktwirtschaft als Wirtschaftsordnung grundlegend verändert werden müsse.[1] 40 Prozent sind davon überzeugt, dass es ihnen in einem anderen, stärker vom Staat kontrollierten Wirtschaftssystem persönlich besser oder genauso gut gehen würde.[2] Vielleicht kann die Politik ja vollbringen, was die ökonomischen Eliten selbst nicht schaffen, so die traurige Hoffnung. Dass ein Eingreifen der Obrigkeit immer auch mit einem Verlust der individuellen Freiheit einhergeht, ist für viele nicht mal ein Übel. Gute Zeiten für Populisten. Schlechte Zeiten für liberale Gedanken.

Die Elite hat ein ernsthaftes Imageproblem. Laut einer Allensbach-Studie aus dem Jahr 2009 denkt nur jeder dritte Deutsche, dass Manager einen Blick für Chancen und Entwicklungen haben – 2004 waren es noch mehr als die Hälfte.[3] »Aus den einstigen Rollenvorbildern der Leistungsgesellschaft sind in den Augen der Öffentlichkeit Kriminelle oder zögerliche Versager geworden«, so die bittere Schluss-folgerung des *manager magazins*.[4]

Die Akzeptanz einer freien Wirtschaftsordnung droht zu schwinden, weil das Vertrauen in die Fähigkeiten ihrer Vertreter zu großen Teilen verloren gegangen ist. Das macht mir Angst. Denn Unternehmertum und das Streben nach Glück und Gewinn sind die Basis unseres Wohlstands. Wer die Wirtschaft als Ganzes einzäunen will, dem ist auch die Freiheit des Einzelnen nichts wert. Manager sind die Aushängeschilder unseres Wirtschaftssystems. Ihr Handeln bestimmt dessen Wahrnehmung in der Öffentlichkeit. Sie haben deshalb eine gesellschaftliche Verantwortung über ihr Unternehmen hinaus. In ihrer doppelten – ökonomischen und gesellschaftlichen – Prüfung sind sie gefragt wie selten zuvor.

Mit knapp 30 Jahren bin ich ungefähr so alt wie die Probleme, vor denen wir heute stehen. In den achtziger Jahren ist die Geschäftswelt vom richtigen Weg abgekommen. Shareholder Value setzte sich als falsches Dogma durch. 1987 verkündete der Bösewicht Gordon Gekko im Film *Wall Street:* »Gier ist gut!« Michael Porter veröffentlichte seine Theorien und degradierte CEOs zu Analysten und Spielern eines großen und globalen Wirtschaftsschachs. Unternehmensberatungen feierten mit ihren falschen Versprechungen immer größere Erfolge. Sie schürten Ängste, machten Management zu einem Fach der angewandten Mathematik und vertrieben schablonenartige Strategien, die die Logik der Führung fundamental veränderten. Business Schools wurden zu Brutstätten der Profitsucht und produzierten immer mehr geklonte Nachwuchstechnokraten.

Als Endzwanziger kann ich mir jedoch noch eine andere, bessere Welt vorstellen. Betrachten wir also eine Wirtschaft, wie es sie so durchaus geben könnte. Begeben wir uns auf eine gedankliche Reise. So könnte die Zukunft aussehen – wenn wir heute etwas ändern.

Traum von neuen Eliten

Das Jahr 2023. Vieles hat sich getan an den Business Schools, nicht nur an der WHU. Die Grundlagen der Lehrpläne wurden erneuert. Den reinen BWL-Abschluss gibt es nicht mehr. Zumindest ein Nebenfach aus den Geistes- oder Sozialwissenschaften ist allerorts zur Pflicht geworden. Allgemeinbildung und die Fähigkeit zur kritischen Reflexion sind zentrale Teile der Ausbildung.

Seminare sind Plattformen wissenschaftlicher und gesellschaftlicher Diskurse. Ökonomische Theorien werden nicht mehr einfach nur unterrichtet. Diskutieren statt konsumieren lautet nun das Motto. Der offene Wettstreit der Ideen hat Einzug in die Vorlesungsräume gehalten. Das Weltbild der werdenden Wirtschaftswissenschaftler wird schon früh mit anderen Konzepten konfrontiert. In Fallstudien werden nicht nur solche Unternehmen betrachtet, die aus betriebswirtschaftlicher Sicht besonders gut oder schlecht abschneiden, sondern auch Firmen, die sich gesellschaftlich vorbildlich oder rücksichtslos verhalten haben.

Das Management-Studium soll mittlerweile auch der Persönlichkeitsbildung dienen, nicht nur der Berufsvorbereitung. Der Anteil der Mathematik in den Kursen wurde radikal verringert. Auch BWL-Studenten lernen, sich mit längeren Texten auseinanderzusetzen. Klassiker wie *Haben oder Sein* von Erich Fromm, *Das Kapital* von Karl Marx oder *Theorie der Gerechtigkeit* von John Rawls gehören zur Pflichtlektüre für alle. Prüfungen müssen häufig in Form von Aufsätzen bearbeitet werden. Die Fähigkeit, sich in den unterschiedlichsten Denksphären zurechtzufinden, ist zum entscheidenden Erfolgsfaktor geworden.

Die Wirtschaftswissenschaft hat sich in den letzten zehn Jahren neu erfunden. Ökonomen haben ihre Scheuklappen abgelegt und sich geöffnet für eine Vielfalt unterschiedlicher Theorien. Die bisherigen Annahmen wurden auf den Prüfstand gestellt. Sie orientieren sich nun weit mehr an der realen Welt. Die Volkswirtschaftslehre ist wieder eine offene Sozialwissenschaft.

Der Homo oeconomicus hat abgedankt. Man findet ihn kaum noch in akademischen Publikationen. Stattdessen erlebte sein besserer Bruder, ich nenne ihn den »Homo authenticus«, einen kometenhaften Aufstieg. Er hat Macken und Kanten, irrt sich, ist durchaus gierig und hat Angst. Sein Handeln ist im Vergleich zum Homo oeconomicus deutlich schwerer vorherzusagen. Das bereitet vielen Ökonomen Kopfschmerzen. Insgeheim sehnen sie sich nach der Zeit ihrer vereinfachten Modelle zurück, in denen alles logisch ableit- und berechenbar war. Doch die meisten haben verstanden, dass sie sich mit dem wirklichen Menschen abfinden müssen.

Das neue Denken an den wirtschaftswissenschaftlichen

Fakultäten stellt Unternehmen (insbesondere Beratungen und Investmentbanken) vor große Herausforderungen bei der Rekrutierung von Absolventen. Hohe Einstiegsgehälter sind natürlich immer noch gute Verkaufsargumente. Doch die zukünftigen High Potentials haben andere Werte zu schätzen gelernt. Sie fordern jetzt selbstbestimmtes Arbeiten, spannende Inhalte und sinnstiftende Aufgaben. Berufseinsteiger schuften immer noch. Aber der Satz »Head down and deliver« gilt nicht mehr.

Das Verständnis von Management hat sich gewandelt. Kunden und Mitarbeiter sind ins Zentrum der Aufmerksamkeit gerückt. »Shareholder Value« wurde durch »Customer Employee Value« ersetzt. Nicht für Aktionäre oder Aufsichtsräte arbeiten die CEOs, sondern einzig für ihre Kunden und Mitarbeiter. Alle wissen: In Zeiten digitaler und globaler Märkte haben Firmen nur dann Überlebenschancen, wenn sie sich einer radikalen Verbraucherzentrierung verschreiben. Wer darin gut ist, wird ganz automatisch mit hohen Umsätzen belohnt. Je kurzlebiger das Geschäft und je größer der Wettbewerb, desto mächtiger die Abnehmer.

Führungskräfte haben erkannt, dass nur offene Unternehmenskulturen und zufriedene Mitarbeiter ständige Innovationen für den Kunden produzieren. Firmen bemühen sich, Hierarchien radikal abzubauen. Sie haben verstanden, dass Organisationen lediglich dazu dienen, die Kräfte des Einzelnen zu vervielfältigen. Selbst auf die unterste Ebene wird gehört. Einige Betriebe stellen ihre Angestellten sogar für einen Nachmittag in der Woche frei, damit sie sich in dieser

Zeit der Entwicklung und Umsetzung neuer Ideen widmen können. Berichtsstrukturen wurden reformiert und vereinfacht. Mitarbeiter und Teams organisieren sich zu großen Teilen selbst. Viele Abteilungen sehen sich als eigene kleine Firmen. CEOs betrachten ihre Aufgabe weniger darin, zu entscheiden und zu kontrollieren, als vielmehr darin, andere zu ermutigen und für die nötige Vernetzung innerhalb der Organisation zu sorgen.

Agiles, unternehmerisches Management hat die technokratische Bürokratie ersetzt. Ständiges Ausprobieren im Kleinen, das Prinzip »Versuch und Irrtum«, ist zur wichtigsten strategischen Maxime geworden. Fehleinschätzungen sind erlaubt und erwünscht. Auf dem Weg nach oben ist jetzt Kreativität gefragt. Vor allem neue Ideen werden honoriert. Auch die Letzten haben begriffen, dass Technokraten-Manager schlechte Führungskräfte sind. Um den Kunden zu begeistern, braucht es keine PowerPoint-Folien.

Selbstverständlich werden unternehmerische Entscheidungen auch weiterhin auf der Grundlage von Daten und Fakten getroffen. Allerdings haben insbesondere die jüngeren Führungskräfte eingesehen, dass gutes Management nichts mit blinder Zahlengläubigkeit zu tun hat. Effizienz- und Kostenmanagement haben an Bedeutung verloren. Controller wurden entmachtet. Nicht Produktivität, sondern ständige Qualitäts- und Produktverbesserungen stehen jetzt im Fokus der Aufmerksamkeit. Selbst die Sprache in den Unternehmen hat sich verändert. Verständliche Sätze gelten jetzt als Ausdruck klarer Gedanken. Hohle

Phrasen und pseudo-komplizierte Fachausdrücke kommen bei Kollegen, Mitarbeitern und Journalisten nicht mehr gut an.

Das Geschäft der Unternehmensberatungen ist in den letzten Jahren massiv eingebrochen. Die Branche ist lange nicht mehr so groß wie früher. Die neue Fehlerkultur in den Unternehmen hat die Nachfrage nach Folienakrobaten massiv einbrechen lassen. Ihre Rechtfertigungsfunktion ist nicht mehr gefragt. Vor allem aber hat sich die Überzeugung durchgesetzt, dass aufwendige Strategiepräsentationen und der damit einhergehende Fokus auf Analyse und Planung das Innovationsklima einer Firma zerstören. »Keine verdammten PowerPoint-Folien!«, hören McKinsey und Konsorten immer öfter von ihren Mandanten. Einige Anbieter haben deshalb reagiert und bieten nun auch spezielle »Customer Creativity Workshops« an. Allerdings mit mäßigem Erfolg. Manche Berater machen sogar damit Werbung, dass Kunden und Mitarbeiter ihrer Klienten im Schnitt viermal zufriedener sind als die der Konkurrenz.

Insgesamt sind die Chefetagen deutlich bunter geworden. Nicht nur Frauen und internationale Führungskräfte sind dort nun häufiger zu finden. Vor allem ist die Anzahl der Quereinsteiger gestiegen. In den DAX-Vorständen finden sich jetzt auch Geisteswissenschaftler und ehemalige Unternehmer. Unterschiedliche Perspektiven werden nicht nur auf dem Papier geschätzt, sondern auch in der Realität gesucht. Bei den Nachwuchs-Managern sind Standardlebensläufe deshalb immer seltener. Wer sich von der Masse an angepassten High Potentials abheben kann, hat gute Chancen,

Karriere zu machen. Querköpfe und Menschen mit der Fähigkeit, vernetzt zu denken, sind die Gewinner des neuen ökonomischen Zeitgeistes.

Marktwirtschaft reloaded

Ein naiver Traum? Ganz sicher. Wird es so kommen? Ganz sicher nicht. Und dennoch: Ein verändertes gesellschaftliches und ökonomisches Umfeld wird Veränderungen erzwingen. Denn Digitalisierung, Globalisierung und eine Welt nach der großen Finanzkrise verlangen nach neuen Denk- und Handlungsmustern der ökonomischen Eliten.

Auf den Shareholder-Kapitalismus der letzten 30 Jahre muss ein kunden- und mitarbeiterorientierter Kapitalismus des 21. Jahrhunderts folgen. Seine Implementierung ist eine gigantische Aufgabe. Er ist nicht mehr und nicht weniger als ein neues ökonomisches Ökosystem.[5] Im Zentrum der neuen ökonomischen Geisteshaltung stehen Menschen, keine Zahlen. Ihre Logik dreht sich um das Wohl der Gesellschaft, nicht um die Gier Einzelner. Manager, deren Augenmerk sich auf den Nutzen der Verbraucher und Angestellten richtet, nicht auf das Erwirtschaften immer größerer und schnellerer Gewinne, müssen generell anders denken und handeln. Intelligente Führungskräfte sehen in motivierten Mitarbeitern den entscheidenden Erfolgsfaktor. Deren persönlicher Einsatz, Kreativität und Unternehmergeist sind die wichtigsten Ressourcen auf dem Weg zum kundenzentrierten Unternehmen. Sie gilt es zu hegen und zu pflegen, so wie alle anderen begrenzten Ressourcen auch.

Wer sich allzu sehr auf Effizienz und Optimierung konzentriert, der hat heute schon verloren. Die richtige Devise lautet: Entdecken geht über Verwerten. Nachhaltiges Wirtschaften, rasiermesserscharfe Alleinstellungsmerkmale und einzigartiger Kundennutzen sind der Schlüssel zum Erfolg. Wer sich besonders gut um seine Abnehmer kümmert, dessen Aktionäre werden langfristig überdurchschnittliche Renditen erhalten. Das Gegenteil ist falsch: Wer nur an seine Aktionäre denkt, wird Kunden kaum überzeugen können, und die Anteilseigner machen letztlich ein schlechtes Geschäft.[6]

Ein kunden- und mitarbeiterorientierter Kapitalismus schafft eine Wirtschaft, wie wir sie uns wünschen. Er setzt neue Prioritäten und steht deshalb für Verantwortlichkeit, Menschlichkeit und Unternehmertum gleichermaßen. Seine Philosophie ist ganz und gar nicht neu. Und doch würde er unsere Ökonomie auf den Kopf stellen – weil er die Rendite entmachtet, sie degradiert zum gewollten Nebenprodukt, ganz so, wie es dem Geist der Marktwirtschaft im Kern entspricht. Die wirtschaftlichen Eliten stehen vor der Wahl: Weitermachen wie bisher und dabei noch mehr Vertrauen verspielen oder die Zeichen der Zeit erkennen und das legitime Gewinnstreben neu gestalten.

Von den gestressten Unternehmensberatern, die am Donnerstagabend müde am Münchner Flughafen landen, haben leider nur die wenigsten Zeit, von einer anderen Wirtschaft zu träumen. Sie kalkulieren und prognostizieren, optimieren und analysieren weiter. Sie versuchen mitzuhalten im sich immer schneller drehenden Hamsterrad der globalen Technokraten-Ökonomie. Nur wenige haben verstanden: Abspringen lohnt sich. Für uns alle.

Literatur

Action required

1 Henry Mintzberg zitiert nach: Katja Köllen: »Business Schools: MBA zwischen Reform und Marketing-Geplänkel«, *Wirtschafts-Woche Online* vom 26.10.2011.
2 Frank Schirrmacher: »Bürgerliche Werte: ›Ich beginne zu glauben, dass die Linke recht hat‹«, *Frankfurter Allgemeine Sonntagszeitung* vom 14.8.2011.

Hunting Ground

1 Website der WHU – Otto Beisheim School of Management.
2 Nils Klawitter: »Angehende Betriebswirte: ›Ich bin gierig und hyperaktiv‹«, *Spiegel Online* vom 18.1.2005.
3 Ebd.
4 Ebd.
5 Website der WHU – Otto Beisheim School of Management.
6 Frenkel, Michael: *Einführung in die Volkswirtschaftslehre,* Skript zur Vorlesung aus dem Wintersemester 2004.
7 Nils Klawitter: »Angehende Betriebswirte: ›Ich bin gierig und hyperaktiv‹«, *Spiegel Online* vom 18.1.2005.
8 »Goldman-Deutschland-Chef: ›Banken müssen nicht das Gemeinwohl fördern‹«, *Handelsblatt Online* vom 14.1.2010.
9 »Umstrittene Äußerung: Goldman-Banker bringt Koalition in Rage«, *Handelsblatt Online* vom 15.1.2010.
10 Birger P. Priddat: »Das Defizit der Wirtschaftslehre: Eine Frage der Haltung«, *Die Welt* vom 22.10.2008.
11 »Business Education: Dons and Dollars«, *The Economist* vom 20.7.1996. Zitiert nach: Henry Mintzberg: *Manager statt MBAs. Eine kritische Analyse,* Campus Verlag 2005, S. 99.

12 Interview mit Lutz von Rosenstiel: »Junge Ökonomen: ›Den Job bekommt der Karrierist, nicht der Querdenker‹«, *Spiegel Online* vom 6.4.2011.

13 Interview mit Ulrich Thielemann: »Das Ökonomie-Studium heute gleicht einer Gehirnwäsche«, *Deutschland Radio* vom 5.4.2012.

14 Interview mit Thomas Sattelberger: »Managerausbildung: ›Die großen Business Schools sind lebendige Leichen‹«, *Spiegel Online* vom 9.2.2012.

15 Robert Frank, Thomas Gilovich und Dennis Regan: »Does Studying Economics Inhibit Cooperation?« *Journal of Economic Perspectives* 1993, 7(2), S. 159–171.

16 Harold J. Leavitt: »Educating Our MBAs: On Teaching What We Haven't Taught«, *California Management Review*, H3 1989 (Jg. 31). Zitiert nach: Henry Mintzberg: *Manager statt MBAs. Eine kritische Analyse*, Campus Verlag 2005, S. 48.

17 Henry Mintzberg: *Manager statt MBAs. Eine kritische Analyse*, Campus Verlag 2005, S. 52.

18 Astrid Dörner: »Wharton School: ›Die Finanzkrise hat die Lehre verändert‹«, *Zeit Online* vom 11.12.2011.

19 Andreas Scherer (Universität Zürich): *Was kann Ethics Education in der BWL leisten?* Präsentation an der LMU München vom 26.6.2009.

20 Gunnar Schultz-Burkel: »Das Image retten: Harvard-Absolventen wollen ehrlich durchs Berufsleben kommen«, *Deutschland Radio* vom 9.7.2009.

21 Silvia M. Bergmann: »Management-Kultur: Deutsche Business-Uni führt Anti-Gier-Gelöbnis ein«, *Die Welt Online* vom 17.6.2011.

22 Jürgen Weigand zitiert nach: Bärbel Schwertfeger: »Umstrittenes Gelöbnis«, *Financial Times Deutschland* vom 24.2.2010.

23 Annick Eimer: »Manager-Ausbildung: Ökonomie ist Gehirnwäsche«, *Spiegel Online* vom 5.4.2011.

24 Mission Statement der Zeppelin Universität.

25 Tanja Wolter: »Zeppelin-Universität: ›Recht auf geistige Verwahrlosung‹«, *Spiegel Online* vom 3.6.2004.

26 Website der Zeppelin Universität.

27 Interview mit Sascha Spoun: »Bachelor & Bildung: ›Schlau trotz Studium‹«, *Spiegel Online* vom 15.6.2009.

1 Adam Smith: *The Wealth of Nations,* Everyman's Library 1991.
2 Ebd. zitiert nach: Thomas Fischermann: »Die Bibel der Liberalen: Adam Smith – Der Wohlstand der Nationen«, *Die Zeit* vom 12.5.1999.
3 Milton Friedman: »The Social Responsibility of Business is to Increase its Profits«, *New York Times Magazine* vom 13.9.1970.
4 Adam Smith: *Theorie der ethischen Gefühle,* Felix Meiner Verlag 2010.
5 Paul A. Samuelson: *Foundations of Economic Analysis,* Harvard University Press 1947.
6 Philip Mirowski zitiert nach: Viktor Vanberg: »Wissenschaft: Die Ökonomik ist keine zweite Physik«, *Frankfurter Allgemeine Zeitung* vom 14.4.2009.
7 Elke Pickartz: »Paul Samuelson: Der Bestseller der Volkswirtschaft«, *WirtschaftsWoche Online* vom 11.12.2011.
8 Frank Schirrmacher: *Ego: Das Spiel des Lebens,* Karl Blessing Verlag 2013, S. 35–36.
9 Viktor Vanberg: »Wissenschaft: Die Ökonomik ist keine zweite Physik«, *Frankfurter Allgemeine Zeitung* vom 14.4.2009.
10 Aufruf von 83 Professoren der Volkswirtschaftslehre: »Volkswirtschaftslehre: Rettet die Wirtschaftspolitik an den Universitäten!« *FAZ.net* vom 5.5.2009.
11 Interview mit Roman Frydman: »Wirtschaftsforscher Frydman: ›Die Modelle der Ökonomen taugen nichts‹«, *Die Welt Online* vom 1.5.2011.
12 Olaf Storbeck: »Fundamentalkritik: Wie die Finanzkrise die VWL auf den Kopf stellt«, *Handelsblatt Online* vom 14.1.2010.
13 Interview mit Roman Frydman: »Wirtschaftsforscher Frydman: ›Die Modelle der Ökonomen taugen nichts‹«, *Die Welt Online* vom 1.5.2011.
14 Benedikt Herles: *Wert im Spiegel ökonomischer Rationalität: Eine kritische Betrachtung,* Josef Eul Verlag 2011.
15 Frederick W. Taylor zitiert nach: Walter Kiechel III: »Das Jahrhundert des Managements«, *Harvard Business Manager* 1/2013.

16 Frederick W. Taylor: *Die Grundsätze wissenschaftlicher Betriebsführung,* VDM Verlag Dr. Müller 2004.

17 Walter Kiechel III: »Das Jahrhundert des Managements«, *Harvard Business Manager* 1/2013.

18 Peter F. Drucker: *The Essential Drucker: The Best of Sixty Years of Peter Drucker's Essential Writings on Management,* Harper Business 2008, S. 18.

19 Walter Kiechel III: »Das Jahrhundert des Managements«, *Harvard Business Manager* 1/2013.

20 Ebd.

21 Steve Denning: »Leadership: What Killed Michael Porter's Monitor Group? The One Force That Really Matters«, *Forbes.com* vom 20.11.2012.

22 Michael E. Porter: *Wettbewerbsstrategie: Methoden zur Analyse von Branchen und Konkurrenten,* Campus Verlag 2013, S. 26.

23 Henry Mintzberg: *Manager statt MBAs. Eine kritische Analyse,* Campus Verlag 2005, S. 45.

24 Walter Kiechel III: »Das Jahrhundert des Managements«, *Harvard Business Manager* 1/2013.

25 Christine Mattauch: »Wirtschaft und Politik: Die heimlichen Lobbyisten«, *Handelsblatt Online* vom 28.2.2011.

26 Olaf Storbeck: »Fundamentalkritik: Wie die Finanzkrise die VWL auf den Kopf stellt«, *Handelsblatt Online* vom 14.1.2010.

27 Lisa Nienhaus: »Wirtschaftswissenschaften: Dreißig nutzlose Jahre«, *FAZ.net* vom 24.8.2009.

28 Michael Hüther: »Ordnungsökonomik fasziniert noch heute«, *FAZ.net* vom 15.3.2009.

29 »Volkswirtschaftslehre: Rettet die Wirtschaftspolitik an den Universitäten!« *FAZ.net* vom 5.5.2009.

30 Website des Netzwerks Plurale Ökonomik.

31 Joseph Stiglitz: *Der Preis der Ungleichheit: Wie die Spaltung der Gesellschaft unsere Zukunft bedroht,* Siedler Verlag 2012. Daniel Kahneman: *Schnelles Denken, langsames Denken,* Siedler Verlag 2012.

32 Interview mit Michael Burda: »Volkswirtschaftslehre in der Kritik: ›Nicht mit Geplauder zu lösen‹«, *taz.de* vom 13.9.2012.

33 Olaf Storbeck: »Ökonomie neu denken: Vom Kopf auf die Füße gestellt«, *Handelsblatt Online* vom 27.10.2012.

Head down an deliver

1 Website der Boston Consulting Group.
2 Website von McKinsey & Company.
3 Ebd.
4 Das gesamte Meisterwerk von E-Mail ist nachzulesen unter: http://hereisthecity.com/2009/04/18/that_too_busy_busy_defined_mem/.

Insecure Overachiever

1 Thomas Ramge: »Die Eselstreiber«, *Brand Eins* vom November 2009.
2 Studie der Boston Consulting Group aus dem Jahr 2012.
3 Studie von Bain & Company aus dem Jahr 2012.
4 Michael Füllemann und Dr. Martin Holzapfel: *Die Quánsù-Strategie: China fordert Höchstgeschwindigkeit,* Bain & Company 2011, S. 4–5.
5 Website der Roland Berger Strategy Consultants.
6 Nassim Nicholas Taleb: *Antifragilität. Anleitung für eine Welt, die wir nicht verstehen,* Knaus Verlag 2013.
7 Thomas Ramge: »Die Eselstreiber«, *Brand Eins* vom November 2009.
8 Katrin Terpitz: »Warum Berater-Bashing falsch ist«, *Handelsblatt Online* vom 20.10.2012.
9 Thomas Ramge: »Die Eselstreiber«, *Brand Eins* vom November 2009.
10 Ebd.
11 Ebd.
12 Oliver Strähle, Michael Füllemann und Oliver Bendig: *Service Now! Time to wake up the sleeping giant,* Bain & Company 2012, S. 4.
13 Website von McKinsey & Company.
14 Chris Zook und James Allen: »Profit from the Core: A Return to Growth in Turbulent Times«, *Harvard Business Press* 2010, S. 45. Analyse der sogenannten Sustained Value Creators.
15 Thomas Ramge: »Die Eselstreiber«, *Brand Eins* vom November 2009.

16 Simon Sinek: »How great leaders inspire action«, *TED Talk* vom September 2009.

17 Henry Mintzberg: *Manager statt MBAs. Eine kritische Analyse,* Campus Verlag 2005, S. 151.

18 Ann Morrison: »Apple Bites Back«, *Fortune* vom 20.2.1984. Zitiert nach: Henry Mintzberg: *Manager statt MBAs. Eine kritische Analyse,* Campus Verlag 2005, S. 151.

19 Henry Mintzberg: *Manager statt MBAs. Eine kritische Analyse,* Campus Verlag 2005, S. 152.

20 Marc Pitzke: »Miese Quartalsbilanz: Apples Entzauberung«, *Spiegel Online* vom 24.4.2013.

21 Clayton M. Christensen: *The Innovator's Dilemma. When New Technologies Cause Great Firms to Fail,* Harvard Business School Press 1997.

22 Die zehn größten IT-Irrtümer und Fehlprognosen gibt es ausführlich unter: http://www.tecchannel.de/server/hardware/466465/it_irrtuemer_fehlprognosen_fehlentscheidungen_manager_fehler_computer/index6.html.

23 »Computerhersteller: HP entlässt 27 000 Mitarbeiter«, *Zeit Online* vom 24.5.2012.

24 »Hewlett-Packard im Zugzwang: Veränderungen wie ein Erdbeben«, *boerse.ARD.de* vom 22.2.2013.

25 Stefan Schultz: »Kodak-Pleite: Geisel verblasster Erfolge«, *Spiegel Online* vom 19.1.2012.

26 Stefan Schultz: »Krise bei Blackberry: Absturz eines Handy-Pioniers«, *Spiegel Online* vom 13.10.2011.

27 Gerrit Wiesmann: »Online advertising boosts Axel Springer«, *FT.com* vom 8.3.2012.

28 Bernhard Hübner: »Burda wird zum Handelsriesen«, *Financial Times Deutschland* vom 27.3.2012.

29 Julia Kloft: »Gruner + Jahr-Bilanz: Rückgänge durch Papierkosten und Druckgeschäft«, *W&V Online* vom 29.3.2012.

30 Clayton M. Christensen, Kurt Matzler und Stephan F. von den Eichen: *The Innovator's Dilemma: Warum etablierte Unternehmen den Wettbewerb um bahnbrechende Innovationen verlieren,* Vahlen 2011, S. 8.

31 Ebd., S. 15.

32 »Axel Springer Verlag: Welt.de führt Bezahlschranke ein«, *Süddeutsche.de* vom 11.12.2012.

33 »Verlagskonzern: Springer will im Digitalgeschäft wachsen«, *Handelsblatt Online* vom 18.10.2012.

34 Alf Rehn: *Gefährliche Ideen. Von der Macht des ungehemmten Denkens*, Campus Verlag 2012, S. 227.

35 Ulrike Simon: »Mathias Döpfner: Auf Springers Spuren«, *Cicero* vom Februar 2012.

36 »Axel Springer Verlag: Springer schenkt Döpfner 73 Mio.«, *FTD.de* vom 17.8.2012.

37 »Verlagskonzern: Springer will im Digitalgeschäft wachsen«, *Handelsblatt Online* vom 18.10.2012.

38 Steffan Heuer: »Google: Scheitern als Geschäftsmodell«, *Handelsblatt Online* vom 5.3.2011.

39 Ebd.

40 Axel Postinett, Jan Keuchel und Helmut Steuer: »Innovationen: Ein Tag für eigene Ideen«, *Handelsblatt Online* vom 30.12.2010.

41 Alf Rehn: *Gefährliche Ideen. Von der Macht des ungehemmten Denkens*, Campus Verlag 2012, S. 232.

42 Ebd., S. 240.

Bullshit Bingo

1 Claudia Obmann: »Chefs im Rede-Test: Meist schwere Kost«, *Handelsblatt* vom 7.12.2012.

2 Henry Mintzberg: *Manager statt MBAs. Eine kritische Analyse*, Campus Verlag 2005, S. 119.

3 Thomas Ramge: »Die Eselstreiber«, *Brand Eins* vom November 2009.

4 Henry Mintzberg: *Manager statt MBAs. Eine kritische Analyse*, Campus Verlag 2005, S. 120.

5 Steve Denning: »Leadership: What Killed Michael Porter's Monitor Group? The One Force That Really Matters«, *Forbes.com* vom 20.11.2012.

6 Ebd.

7 Jeff Bezos zitiert nach: Adam Lashinsky: »Amazon's Jeff Bezos: The ultimate disrupter«, *CNN Money* vom 16.11.2012.

8 Ebd.

9 Steve Denning: »Leadership: What Killed Michael Porter's Monitor Group? The One Force That Really Matters«, *Forbes.com* vom 20.11.2012.

10 Roger Marin: »Why Good Spreadsheets Make Bad Strategies«, *HBR Blog Network* vom 11.1.2010.

Where to play and how to win

1 »The legacy that got left on the shelf«, *The Economist* vom 2.2.2008.

2 Thierry Ogier: »Nestlé ›hausiert‹ in den Favelas«, *swissinfo.ch* vom 8.5.2006.

3 *»Forschung ist die beste Medizin« gewinnt den Deutschen PR-Preis 2007,* Pressemitteilung des Verbands forschender Arzneimittelhersteller vom 17.9.2007.

4 Benedikt Fuest: »Pfizer kündigt strategische Kehrtwende an«, *Die Welt* vom 21.3.2011.

5 Shannon Pettypiece, Tom Randall und Zachary Mider: »Pfizer's $68 Billion Wyeth Deal Eases Lipitor Loss«, *Bloomberg.com* vom 26.1.2009.

6 Jonathan D. Rockoff: »Pfizer, Merck Take Different R&D Tacks«, *wsj.com* vom 4.2.2011.

7 »Sandwich Pfizer site sold to private consortium«, *BBC News* vom 2.8.2012.

8 Benedikt Fuest: »Pfizer kündigt strategische Kehrtwende an«, *Die Welt* vom 21.3.2011.

9 Alan Rappeport: »Pfizer feels impact of end to Lipitor patent«, *FT.com* vom 1.5.2012.

10 »Zoetis-IPO: Pfizer-Tiersparte soll 2 Milliarden einbringen«, *Handelsblatt Online* vom 18.1.2013.

11 Siegfried Hofmann: »Pharmakonzern: Roche hält an Forschungsstrategie fest«, *Handelsblatt Online* vom 2.2.2011. Marta Falconi: »Roche Vows to Keep Up Drug Hunt«, *wsj.com* vom 5.9.2012.

12 Siegfried Hofmann: »Pharmakonzern: Roche hält an Forschungsstrategie fest«, *Handelsblatt Online* vom 2.2.2011.

13 Kristina Gnirke: »Novartis/Roche: Eine Frage des Rezepts«, *Bilanz* 21/2012.

14 Marta Falconi: »Roche Vows to Keep Up Drug Hunt«, *wsj.com* vom 5.9.2012.

15 »Pharmakonzern: Umbau kostet Roche viel Geld«, *Handelsblatt Online* vom 26.7.2012.

16 Walter Kiechel III: »Das Jahrhundert des Managements«, *Harvard Business Manager* 1/2013.

17 Steve Denning: »Leadership: Is The Tyranny Of Shareholder Value Finally Ending?« *Forbes.com* vom 29.8.2012.

18 Website von Bain & Company.

19 Steve Denning: »Leadership: Is The Tyranny Of Shareholder Value Finally Ending?« *Forbes.com* vom 29.8.2012.

20 Henry Mintzberg: *Manager statt MBAs. Eine kritische Analyse,* Campus Verlag 2005, S. 185.

21 Studie des Instituts für Demoskopie Allensbach und des Kerkhoff Competence Center of Supply Chain Management der Universität St. Gallen aus dem Jahr 2011.

22 Nassim Nicholas Taleb: *Antifragilität. Anleitung für eine Welt, die wir nicht verstehen,* Knaus Verlag 2013.

23 Henry Mintzberg: *Manager statt MBAs. Eine kritische Analyse,* Campus Verlag 2005, S. 184.

24 Christian Litz und Michael Prellberg: »Studie zu Unternehmens-Stärken: Wenn der Chef die Geldquellen nicht kennt«, *FTD.de* vom 31.3.2011.

25 *Kleine Unternehmen schaffen 85 % aller neuen Arbeitsplätze,* Pressemitteilung der Europäischen Kommission vom 16.1.2012.

26 Ileana Grabitz und Inga Michler: »Mittelstand: Kleine Unternehmen, großer Erfolg«, *Die Welt* vom 24.9.2012.

27 Sibylle Zehle: »Trumpf-Chefin: Eine Frau mit Haltung«, *manager magazin* 1/2006.

28 Ebd.

29 Interview mit Nicola Leibinger-Kammüller: »Trumpf-Chefin: ›Wir Deutschen haben früher auch kopiert‹«, *Cicero* vom Mai 2012.

30 Sibylle Zehle: »Trumpf-Chefin: Eine Frau mit Haltung«, *manager magazin* 1/2006.

31 Interview mit Nicola Leibinger-Kammüller: »Trumpf-Geschäfts-führerin Leibinger-Kammüller: ›Chefs können auch lernen‹«, *Frankfurter Rundschau* vom 15.7.2011.

32 Ebd.

33 »Belegschaft wächst: Maschinenbauer Trumpf verbucht Rekord-umsatz«, *Handelsblatt Online* vom 17.7.2012.

34 Sibylle Zehle: »Trumpf-Chefin: Eine Frau mit Haltung«, *manager magazin* 1/2006.

35 Ebd.

36 Interview mit Nicola Leibinger-Kammüller: »Trumpf-Geschäfts-führerin Leibinger-Kammüller: ›Chefs können auch lernen‹«, *Frankfurter Rundschau* vom 15.7.2011.

37 Susanne Preuss: »Innovatives Modell: Trumpf schneidert Arbeits-zeiten nach Maß«, *FAZ.net* vom 19.5.2011.

38 Johannes Blome-Drees und Reiner Rang: *Private Equity-Inves-titionen in deutsche Unternehmen und ihre Wirkungen auf die Mitarbeiter*, Fallstudie der Hans-Böckler-Stiftung vom Oktober 2009.

39 Ebd.

40 »Märklin: Insolvenzverwalter schmeißt alle Berater raus«, *Spiegel Online* vom 5.2.2009.

41 Johannes Blome-Drees und Reiner Rang: *Private Equity-Inves-titionen in deutsche Unternehmen und ihre Wirkungen auf die Mitarbeiter*, Fallstudie der Hans-Böckler-Stiftung vom Oktober 2009.

42 Hans-Jürgen Klesse: »Unternehmensberater: Warum so viele Beratungen kläglich scheitern«, *WirtschaftsWoche Online* vom 7.9.2010.

43 »Märklin: Insolvenzverwalter schmeißt alle Berater raus«, *Spiegel Online* vom 5.2.2009.

44 Johannes Blome-Drees und Reiner Rang: *Private Equity-Inves-titionen in deutsche Unternehmen und ihre Wirkungen auf die Mitarbeiter*, Fallstudie der Hans-Böckler-Stiftung vom Oktober 2009.

45 Interview mit Mathias Hink: »Finanzinvestor: ›Wir haben Mär-klin unterschätzt‹«, *Handelsblatt Online* vom 2.3.2009.

46 Rebecca Eisert: »Spielwaren: Märklin – der Audi der Spielwaren-branche?« *WirtschaftsWoche Online* vom 25.12.2012.

47 Anne Guhlich: »Modellbahnhersteller: Märklin gehört jetzt zu Simba Dickie«, *Stuttgarter Nachrichten Online* vom 18.4.2013.

48 Mathias Döpfner: »Wirtschaftsordnung: Auf der Suche nach der Ehre des Kaufmanns«, *Handelsblatt* vom 20.11.2011.

49 Lord Ralf Dahrendorf: »Die verlorene Ehre des Kaufmanns«, *Tagespiegel Online* vom 12.7.2009.

People Business

1 Verena Töpper : »Auf- und Abstieg von Beratern: Und raus bist Du«, *Spiegel Online* vom 20.11.2012.

2 Ana-Cristina Grohnert (Managing Partner bei Ernst & Young) zitiert nach: ebd.

3 Michael Freitag und Dietmar Student: »Milliardenschweres Netzwerk: McKinsey ist überall«, *Spiegel Online* vom 9.10.2012.

4 Ebd.

5 John A. Byrne: »Inside McKinsey«, *Bloomberg Businessweek Online* vom 7.7.2002.

6 Michael Freitag und Dietmar Student: »Milliardenschweres Netzwerk: McKinsey ist überall«, *Spiegel Online* vom 9.10.2012.

7 Websites der genannten Unternehmen.

8 Heike Buchter: »Goldman Sachs: Weltmacht mit Drehtür«, *Die Zeit* vom 2.7.2009.

9 Lobbypedia-Eintrag über Goldman Sachs.

10 Caroline Salas Gage: »Dudley Proves This Isn't Your Father's New York Federal Reserve«, *Bloomberg.com* vom 28.9.2011.

11 Gerd Höhler: »Petros Christodoulou: Athens verschwiegener Schuldenmacher«, *Handelsblatt Online* vom 4.3.2010.

12 Ann Pettifor: »Mark Carney's ›shock‹ appointment means more of the same«, *guardian.co.uk* vom 26.11.2012.

13 William D. Cohan: »Rethinking Bob Rubin From Goldman Sachs Star to Crisis Scapegoat«, *Bloomberg.com* vom 20.9.2012.

14 Website der Trilateralen Organisation.

15 Website von Goldman Sachs.

16 Heike Buchter: »Goldman Sachs: Weltmacht mit Drehtür«, *Die Zeit* vom 2.7.2009.

17 Ebd.

18 Website der Bayer AG.

19 Andreas Nölting: »Die 50 Mächtigsten: Der charmante Strippen-zieher«, *manager magazin online* vom 19.12.2002.

20 Websites der verschiedenen Unternehmen.

21 Markus Frühauf: »Ackermanns Abschied: Deutsche Bank voll-zieht den Übergang«, *FAZ* vom 31.5.2012.

22 Website der Bayer AG.

23 Gisela Maria Freisinger: »Michael Diekmann: Deutschlands mächtigster Manager«, *manager magazin online* vom 18.4. 2012.

24 Ebd.

25 Julia Löhr: »Lebensläufe: Die Einheits-Manager«, *FAZ.net* vom 13.1.2009.

26 Ebd.

27 Interview mit Michael Diekmann: »Das Wichtigste: Bleib du selbst!«, *absolut°karriere* vom Mai 2006.

28 Julia Löhr und Brigitte Koch: »Unternehmensberater als Chef: Schlecht beraten«, *FAZ.net* vom 4.5.2012.

29 Susanne Amann und Janko Tietz: »Rückzug von Haniel-Chef: Metro-Führungsstreit fordert nächstes Opfer«, *Spiegel Online* vom 8.11.2011.

30 Susanne Amann und Janko Tietz: »Werte vernichtet«, *Der Spiegel* vom 14.11.2011.

31 Julia Löhr und Brigitte Koch: »Unternehmensberater als Chef: Schlecht beraten«, *FAZ.net* vom 4.5.2012.

32 Doreen Wilken: »Puma setzt Koch ab«, *fabeau Fashion Business News* vom 12.12.2012.

33 »Puma: Koch braucht Zeit«, *Financial Times Deutschland* vom 25.10.2012.

34 Rüdiger Köhn: »Franz Koch: Raus aus dem Schatten«, *FAZ.net* vom 16.4.2012.

35 »Sportartikelhersteller aus Herzogenaurach: Puma-Chef Franz Koch muss gehen«, *Süddeutsche.de* vom 12.12.2012.

36 Ebd.

37 Raphaela Birrer: »Demontage einer Vorzeigefrau«, *Tagesanzeiger.ch* vom 23.11.2012.

38 Ebd.

39 Caspar Busse und Thomas Fromm: »Der Fremde«, *Süddeutsche Zeitung* vom 29.7.2013

40 »Martin Blessing: Ich gehe da nicht nochmal hin«, *Handelsblatt Online* vom 22.11.2011.

41 »Gesamt-Roundup: Commerzbank will bis zu 6000 Stellen streichen«, *Focus Money Online* vom 24.1.2013.

42 »Martin Blessing: Ich gehe da nicht nochmal hin«, *Handelsblatt Online* vom 22.11.2011.

43 Interview mit Torsten Oletzky: »Warum entschuldigen Sie sich nicht persönlich?« *Bild.de* vom 2.7.2011.

44 »Middelhoffs Erben: Die schlechtesten Manager 2012«, *WirtschaftsWoche Online* vom 22.12.2012.

45 Interview mit Gautam Mukunda: »Der Blick von außen«, *Harvard Business Manager* 12/2012.

46 Ebd.

47 *IBM CEO-Studie 2010: Unternehmen rüsten sich für zunehmende wirtschaftliche Komplexität,* Pressemitteilung von IBM Switzerland vom 18.6.2010.

48 Jobst-Ulrich Brand, Stefan Ruzas und Sabrina Hoffmann »Wer macht Karriere – und warum?« *Focus* vom 16.5.2011.

49 »Merck: Kley löst Römer ab«, *FAZ.net* vom 22.2.2007.

50 Jobst-Ulrich Brand, Stefan Ruzas und Sabrina Hoffmann »Wer macht Karriere – und warum?« *Focus* vom 16.5.2011.

Battle Call

1 *ARD Deutschlandtrend,* Infratest dimap-Umfrage vom Februar 2012.

2 *Wirtschaftspolitisches Verständnis und ordnungspolitische Positionen der Bevölkerung,* Studie des Institut für Demoskopie Allensbach vom März 2012.

3 Ebd.

4 Klaus Werle: »Managerstudie: Verstärkter Druck, mieses Image«, *manager magazin online* vom 22.4.2009.

5 Steve Denning: »Leadership: Is The Tyranny Of Shareholder Value Finally Ending?« *Forbes.com* vom 29.8.2012.

6 Ebd.